Dirk Böttcher

*Das verkaufte Land*

**Dirk Böttcher** arbeitet seit mehr als 30 Jahren als freier Journalist. Er schreibt vor allem für das Wirtschaftsmagazin *brand eins* und ist Mitgründer der ag text und ag next GmbH, medialer Netzwerke, in denen Kreative verschiedenste journalistische und mediale Formate konzipieren und umsetzen. Auf den Boden wurde er in Kanada aufmerksam, wo er mehr als zehn Jahre gelebt hat. Eine spontane Kaffeepause mit dem Quebecer Bodenforscher Prof. Gilles Lemieux war der Beginn einer bis heute währenden Leidenschaft für dieses Thema. Dirk Böttcher lebt und arbeitet heute in Rostock und Parchim.

Dirk Böttcher

# Das verkaufte Land

## Bauern, Böden und Kapital

brand eins books

# Inhalt

«Die Probleme unserer Welt sind allesamt Bodenprobleme. Nur im Boden lassen sie sich daher auch lösen.»

PROFESSOR MARKUS ANTONIETTI,
*Leiter des Max-Planck-Instituts für Kolloid- und Grenzflächenforschung in Potsdam*

# Einleitung

**Anfang und Ende von allem** – warum der Boden unser Schicksal und das faszinierendste Ökosystem dieses Planeten ist. Das wir leider nie besuchen können, aber trotzdem endlich besser kennenlernen sollten.

Arbeit, Boden, Kapital – von den drei Produktionsfaktoren der Volkswirtschaftslehre ist der Boden ein Sonderling. Eine Ressource, die sich nicht vermehren lässt und immer knapper wird. Der Boden ist Auslöser und gleichzeitig Lösung vieler Krisen in der heutigen Zeit. Wie also sollten wir mit ihm verfahren, um das Klima zu schützen, unsere Ernährung zu sichern und die Ungleichheit in der Gesellschaft zu mindern?

Der Boden ist ein Machtfaktor. Mit seinem Besitz lassen sich Werte schaffen, ohne dass man dafür etwas tun müsste. Er ist Gestaltungsraum. Und Konfliktherd: Die Krisen unserer Zeit? Sind Bodenkrisen.

Im Hebräischen steht Adam für Mensch und Adama für Ackerboden, Homo und Humu teilen noch immer den gleichen Wortstamm. Sämtliche Sprachen der menschlichen Kultur sind durch den Umgang mit dem Boden geprägt. Und doch beginnt zehn Zentimeter unter unseren Füßen ein unbekanntes Universum, von dem wir weniger wissen als von der Rückseite des Mondes oder den Tiefen der Meere. Nur eine Handvoll Humus beherbergt mehr Lebewesen, als dieser Planet jemals Menschen zählte. Es wimmelt von sonderbaren Wesen – winzige, zwar mehräugige, aber dennoch blinde Springschwänze etwa, die sich mit einem eingebauten Katapult durch die Unterwelt schießen.

Es sind diese bizarren Wesen, die den Lauf der Dinge mehr beeinflussen, als wir es glauben mögen. Das Leben auf der Erde wird in der Unterwelt entschieden. Unsere Nahrung, die Luft, die wir atmen, das Wasser, das wir trinken – alles Bodenwerk. Hier befindet sich auch der größte Genpool dieses Planeten – wer Wirkstoffe für die Medikamente der Zukunft sucht, der sollte heute im Boden zu suchen beginnen.

«Du bist Erde und Du sollst zu Erde werden», so steht es in der Bibel. Nur wird uns diese Ressource knapp. Dass Bauern ihre Traktoren laut hupend durch die Straßen Berlins lenken, in Paris SUVs mehr Parkgebühr zahlen müssen und sich die Menschen über autofreie Zonen streiten – das alles sind nur verschiedene Lesarten ein und desselben Problems: dass uns der Boden fehlt. Er kommt uns abhanden, jeden Tag – dabei haben wir ihn noch nicht einmal im Ansatz verstanden.

Wir sollten uns mehr und besser mit ihm beschäftigen. Mit seiner ökologischen, aber auch mit seiner ökonomischen Seite. Der Boden ist die limitierte Auflage unseres Planeten. Es wird höchste Zeit, seinen wahren Wert endlich zu erkennen und besser für ihn zu sorgen.

1.

# Bodenständig –

## *über die Bedeutung des Bodens für Ökonomie und Gesellschaft*

Die Bilder von den Traktor-Korsos in Berlin und den vielen anderen Städten hat niemand vergessen. Aber was war da los? Die Traktoren waren plötzlich da und irgendwann wieder weg. Aber worum ging es bei diesem Aufbegehren? Tatsächlich nur um teuren Diesel?

Spulen wir zurück: Die Traktoren fahren von Berlin zurück aufs Feld – und dort suchen wir das Problem. Und finden gleich eine ganze Menge davon, nicht nur in der Landschaft.

Auf den Äckern dieser Republik lässt sich beobachten, wie sich Jahr um Jahr die gewachsene Struktur verändert und der Gestaltungsraum schwindet. So bearbeiten derzeit sechs von zehn Bauern einen Acker, der ihnen gar nicht gehört. In den neuen Bundesländern liegt dieser Wert noch höher, Tendenz: überall steigend.

Um den Boden ist in der Landwirtschaft ein beinharter Wettbewerb entstanden. Landwirte konkurrieren mit Kommunen, die Flächen für Wohnungsbau und Infrastrukturprojekte suchen. Mit großen Energiekonzernen, die auf

Ackerland Wind- und Solarfarmen bauen wollen. Und mit kapitalstarken Investoren, die Ackerland als Anlagemodell entdeckt haben oder in riesige Agrar-Holdings investieren, die auf großen Flächen hochindustrielle Landwirtschaft betreiben. Die Folge: Allein in den vergangenen zehn Jahren stiegen die Pachtpreise für Ackerland um mehr als 60 Prozent. Dagegen ist das Auslaufen der Diesel-Subventionen kaum mehr als eine ärgerliche Lappalie.

Von den 262 800 landwirtschaftlichen Betrieben, die im Rahmen der Landwirtschaftszählung von Destatis im Jahr 2020 ermittelt wurden, waren 10 200 Betriebe als juristische Person oder Personengesellschaft eingetragen. Das entspricht zwar nur vier Prozent aller Betriebe – allerdings entfällt auf diese mittlerweile jeder fünfte landwirtschaftlich genutzte Quadratmeter. In den neuen Bundesländern kontrollieren Unternehmensgruppen sogar mehr als die Hälfte der Ackerflächen.

Aber was ist das Problem? Für eine Antwort lohnt ein Blick nach Mecklenburg-Vorpommern (M-V) – das Bundesland mit einem der größten landwirtschaftlich genutzten Flächenanteile in Deutschland. Um diese Flächen ringen seit einigen Jahren Investoren aus dem In- und Ausland. Die Folge: Der Kaufpreis für Ackerflächen hat sich seit 1995 mehr als verneunfacht. Ein Großteil der Flächen wird von der Bodenverwertungs- und -verwaltungsgesellschaft (BVVG) verkauft. Das Gesetz, noch von der DDR-Volkskammer beschlossen, will es so, dass immer an den Höchstbietenden verkauft wird. Auf diese Weise hat der Bund in den neuen Bundesländern seit dem Jahr 2000 mehr als sieben Milliarden Euro eingenommen, das größte Bodengeschäft in Deutschland seit der Nachkriegsgeschichte. Für Flächen in M-V flossen mehr als 1,6 Milliarden Euro in die Kasse des Bundes. Kleine Randnotiz für interessierte Wirtschaftshistoriker: Die DDR hatte in der Bilanz ihrer Volkswirtschaft den Grund und Boden noch mit 0,00 DDR-Mark bewertet. Getreu der Lehre von Karl Marx, dass nur die geleistete Arbeit einer Sache einen Wert verleiht.

Davon sind wir bekanntlich wieder abgerückt. In M-V kostet der Hektar Ackerfläche mittlerweile mehr als 20 000 Euro, bei sehr hoher Bodenqualität werden Preise bis zu 40 000 Euro geboten. Die BVVG hat nach eigenen Angaben im Nordosten bis heute mehr als 246 000 Hektar verkauft, immer zu Höchstpreisen.

Für Landwirtschaftsminister Till Backhaus ist das «ein Jammer». Denn die öffentliche Hand könne ein Stück Land eben immer nur einmal verkaufen, «und dann ist es weg und sollte doch eigentlich der Allgemeinheit dienen», so Backhaus. Inzwischen verkauft man in M-V schon lange keine eigenen Flächen aus dem Eigentum des Landes mehr, sondern verpachtet nur noch. Wir sehen später noch, dass das auch für andere Probleme eine Lösung sein könnte.

Zurück zu den hohen Bodenpreisen – die kann schon lange kein kleinbäuerlicher Landwirt mehr aufbringen. Das Großkapital schon. Vor allem seit der Finanzkrise 2008 sind echte Werte wieder gefragt – und was kann echter sein als Acker? Die Familien Viessmann oder Rethmann (Remondis) investierten seither in Hunderte Hektar Feld und Wald.

Die hohen Boden- und Pachtpreise machen die kleinbäuerliche Landwirtschaft unerschwinglich.

Dafür werden zahlreiche Agrar- und Immobiliengesellschaften sowie Holdings gegründet, von denen dann Investoren über sogenannte Share Deals Anteile erwerben. Angenehmer Nebeneffekt: Die Grunderwerbsteuer fällt bei diesem Konstrukt auch noch weg, da der Käufer das Land nicht direkt, sondern über das gekaufte Unternehmen erwirbt.

Die hohen Boden- und Pachtpreise machen die kleinbäuerliche Landwirtschaft unerschwinglich, immer mehr Betriebe müssen aufgeben und werden von den Großen aufgekauft, die mittlerweile viele Tausend Hektar Land bewirtschaften. Vor allem für Neuverpachtungen steigen die Preise, auch bei kleinen Flächen von weniger als fünf Hektar. Dort werden mittlerweile Pachten von knapp unter 1000 Euro aufgerufen, ein Zuwachs von fast 140 Prozent im Vergleich zu 2010. Unter diesen Bedingungen lässt sich Landwirtschaft nicht mehr profitabel betreiben.

Man geht davon aus, dass man aus mittelguten Böden in 20 bis 25 Jahren circa 7000 bis 8000 Euro Gewinn pro Hektar erwirtschaften kann. Das wäre dann auch eine Richtgröße für einen betriebswirtschaftlich vernünftigen Preis, die derzeit aufgerufenen Summen bilden allerdings das Dreifache und mehr ab. Wie aber kommt es zu diesem Aufschlag? Durch die hohe Nachfrage – allerdings nicht durch die Landwirte, von denen immer mehr ihre Betriebe aufgeben. Die Äcker sind das Ziel des Kapitals, das überall Zuflucht sucht. Die absoluten Preise sind dabei zweitrangig, die landwirtschaftlichen Böden versprechen langfristig werthaltige Investitionen. Es ist der sichere Hafen zum Aussitzen von Krisen.

Und die Politik? Befeuert diesen Trend, zum Beispiel über die EU-Subventionen für die Landwirtschaft. Denn diese werden nicht an die Landwirte ausgezahlt, die die Äcker bewirtschaften, sondern an die Eigentümer der Flächen. Eine Recherche von *FragDenStaat* und *Arena for Journalism in Europe* zeigt anhand der gezahlten Subventionen, wer in Deutschland die neuen Großgrundbesitzer sind. So erhielt die Unternehmensgruppe von Aldi-Nord über ihre Eigentümerstiftung seit 2019 mehr als 2,7 Millionen Euro, die Lindhorst-Gruppe 12,5 Millionen Euro, die Steinhoff-Familienholding mehr als 11 Millionen Euro und die Familienstiftung des Bauunternehmers Zech seit 2018 sogar mehr als 21 Millionen Euro. Auch die Konzerne RWE und BASF strichen Millionensummen ein. In Polen und Österreich ist der größte Empfänger der EU-Subventionen die katholische Kirche. Insgesamt kassiert das oberste Prozent der Eigentümer mehr als ein Drittel aller EU-Subventionen in der Landwirtschaft.

Als Folge müssen die kleinbäuerlichen Landwirte weichen, der ökologische Landbau wird in den industriellen Großbetrieben immer schwieriger umzusetzen sein. Die Ausflucht in Biogas-Anlagen hilft zwar einigen Landwirten, die teure Pacht bezahlen zu können. Allerdings wirkt auch hier die staatliche Regulierung anders, als sie wohl gemeint war. Die hohen EEG-Umlagen machen es möglich, auch Anlagen mit einem geringen Wirkungsgrad immer noch profitabel zu betreiben. In der Folge wird auf großen Flächen Mais in Monokultur angebaut, eine Pflanze, die extrem viel Wasser benötigt, die Böden verdichtet, durch den Dünger die Nitratkonzentration im Grundwasser steigen lässt und über die Flüsse Phosphor und Stickstoff in die Ostsee spült.

# Warum der Boden seit Jahrtausenden Ursache von Aufruhr ist

Im Jahr 133 v. Chr. ließ der Volkstribun Tiberius Sempronius Gracchus Boden an einfache Arbeiter Roms verteilen, um, so hieß es, das Kleinbauerntum wieder zu aktivieren und die vielen in die Städte gezogenen Bauern wieder zur Rückkehr auf das Land zu bewegen. Rom besaß damals das sogenannte *ager publicus*, also Land im öffentlichen Besitz, das regelmäßig an Privatpersonen verteilt wurde, gleichzeitig kamen durch Eroberungen immer wieder neue Flächen dazu.

Doch Tiberius hatte mit dieser Landreform weniger das Wohl der Kleinbauern im Sinn, so die heutige Sicht von Historikern, sondern das Wehe seiner Rivalen. Die Verteilung des Großgrundbesitzes traf einige mächtige Senatoren, die sich einen Großteil des öffentlichen Landes unter den Nagel gerissen hatten, und die sich am Ende dann auch an Tiberius rächten. Seine Ermordung wurde ausgerechnet auf einem *ager publicus* vollzogen, und für Historiker beginnt mit diesem Ereignis der Niedergang des Römischen Reiches. Denn am Ende war der gesamte *ager publicus* verteilt, also quasi privatisiert – und Begehrlichkeiten nach Land führten zu immer mehr Streitigkeiten. Den römischen Eliten gelang es nicht mehr, diese wachsenden Rivalitäten friedlich beizulegen, die Folge waren Gesetzesbrüche und Gewalt – die Römischen Bürgerkriege begannen und bedeuteten den Anfang vom Ende des Römischen Reich.

Auch schon lange vorher, 2000 vor Christus, gab es in Athen Ärger um den Boden. Der gehörte damals Familien und Clans, durfte aber nicht verkauft werden. Allerdings durfte man ihn beleihen – der Ursprung der Hypothek. Kreditgeber erhielten dabei das Recht, jeweils fünf Sechstel der Ernte für den Kredit einzubehalten, wodurch viele Bauern in Abhängigkeiten gerieten. Der zum Staatsmann ernannte Dichter Solon versuchte im Jahr 594 v.Chr. die Situation zu bereinigen, indem er sämtliche Kreditgeschäfte mit Boden verbot. Doch statt einer Beruhigung folgte eine Zeit der Anarchie, gefolgt von einer Revolution durch Peisistratos, der nach seinem Sieg das Land seiner Gegner verteilte und die Kredite auf Land wieder einführte.

Auch in den Bauernaufständen des Mittelalters ging es um den Boden, den die Bauern als Pächter und Leibeigene zumeist für den Adel oder den Klerus bestellten, selbst aber aufgrund von hohen Abgaben in großer Armut lebten. Eine erste Landreform gab es dann im modernen Europa im Zuge der Französischen Revolution, die das Ende des feudalen Zeitalters besiegelte.

Auf dem Land ging es zu jener Zeit nicht minder wild zu als in Paris. Bauern nahmen sich einfach die Äcker, die sie bereits Tag für Tag bearbeiteten, und stellten die Pachtzahlungen und auch sonstige Abgaben an den Adel oder die Kirche ein. In Paris arbeiteten die Komitees der Revolution derweil an einer Landreform: Flächen, die bisher dem Adel gehörten, sollten an die Bauern verteilt werden. Die

Napoleon war es auch, der erstmals ein *cadastre* erstellen ließ: eine Vermessung und Auflistung aller Grundstücke zum Zwecke der Erhebung einer Grundsteuer.

Leibeigenschaften wurden aufgehoben. Sämtliche Abgaben, die nicht einem konkreten Besitz zuzuordnen waren – zum Beispiel den sogenannten Zehnten –, wurden verboten.

Am Ende profitierten freilich keineswegs vorrangig die Bauern von dieser Landreform – große Flächen wurden bald vor allem den Getreuen eines gewissen Napoleon zugesprochen. Napoleon war es auch, der erstmals ein *cadastre* erstellen ließ: eine Vermessung und Auflistung aller Grundstücke zum Zwecke der Erhebung einer Grundsteuer. Vor der Revolution war der Staat mit dem Ansinnen, die Grundstücksflächen im Land zu erfassen, noch an den Großgrundbesitzern gescheitert. Die Historiker sind sich heute einig, dass die Französische Revolution wohl ausgeblieben wäre, hätte es eine gerechte Grundsteuerverteilung gegeben.

Napoleons Kataster jedenfalls wurde schon bald darauf von anderen Staaten in Europa übernommen. Preußen etwa ließ einen Großteil seines Territoriums komplett neu vermessen, die Reform der Grundsteuer dauerte mehrere Jahrzehnte.

Auch wenn sich in Frankreich schon bald eine neue Gruppe von Großgrundbesitzern herausbildete, gilt die Landreform heute als Erfolg. Sie verschaffte zahlreichen Kleinbauern eigenes Land, das in kleinen Familienbetrieben bearbeitet wurde und im ländlichen Raum ein gesellschaftliches Gefüge etablierte, das als Basis der französischen Demokratie gilt. Bis heute prägen kleine Familienbetriebe die Landwirtschaft Frankreichs.

Als die irischen Bauern im Jahr 1845 wie in jedem Frühjahr ihre Saatkartoffeln in ihre Äcker setzten, ahnte niemand, dass es in diesem Jahr keine Ernte geben und eine dramatische Krise aufziehen würde. Gleich zwei Kontinente würden in den kommenden Jahren auf ganz unterschiedliche Weise vom irischen Boden beeinflusst sein. Dort machte sich zu jener Zeit nämlich unbemerkt ein Wesen namens *Phytophthora infestans* breit. Ein Eipilz mit einer Vorliebe für Nachtschattengewächse, zum Beispiel Kartoffeln. Einige Arten sind immun gegen den Pilz, auf Irland wurden damals genau zwei Sorten angebaut – beide waren nicht resistent.

Kartoffeln waren das Grundnahrungsmittel der Iren. Getreide bauten sie nur für die englischen Besitzer ihrer Felder an – Irland war die Kornkammer Englands. Umso tragischer, dass sich *Phytophthora infestans*, die Kartoffelfäule, ihrer Kartoffeln bemächtigte. Der Pilz liebt feuchtes Wetter – und davon gab es in Europa damals reichlich: Der Tambora, ein Vulkan in Indonesien, war im Jahr 1815 ausgebrochen und führte zu einem Jahr ohne Sommer. Für Jahrzehnte blieben die Sommer kühl und ungemütlich.

Die irischen Bauern bearbeiteten sehr kleine Grundstücke und waren bettelarm. Die Familien lebten in einem Raum, mit Kamin, Tisch und Bett. Ein ganzes Jahrhundert würde die Bevölkerung dafür kämpfen, die Äcker, die sie bearbeiteten, auch besitzen zu können.

Dass Irland heute das einzige Land ist, dessen Bevölkerung seit 1845 schrumpfte, hängt mit einem Ereignis zusammen, das als «der Große Hunger» in die Geschichte einging. *Phytophthora infestans* vernichtete fast die gesamte Kartoffelernte und damit das Grundnahrungsmittel der armen irischen Bevölkerung. Acht von zehn Iren lebten zu jener Zeit in Dörfern, die weniger als 20 Häuser zählten. Auf einem Drittel der Ackerflächen bauten sie auf meist winzigen Parzellen Kartoffeln an. Gut die Hälfte des Landes gehörte allerdings einer kleinen Schicht von etwa 750 Familien, *absentee landlords* genannt, die größtenteils in England lebten. Ihren Grundbesitz ließen sie von Mittelsmännern verwalten. Nach Schätzungen verdienten die Großgrundbesitzer zwischen 1850 und 1870 mehr als 370 Millionen englische Pfund an Pachteinnahmen, nur knapp fünf Prozent davon wurden reinvestiert.

Die bitterarmen Bauern zahlten sehr hohe Pacht für ihre kleinen Äcker, die sie mit einfachsten Mitteln bearbeiteten, und unter anderem mit Seetang und Meeressand düngten. Die Kartoffelkrise und die dadurch verursachte Hungersnot zwischen 1845 und 1852 kostete mehr als eine Million Iren das Leben. Bis zu drei Millionen wanderten in die USA aus, wo sie bis heute eine der größten ethnischen Gruppen stellen. Eine gewisse Pointe steckt in der Tatsache, dass der Pilzparasit, der die Kartoffelfäule seinerzeit auslöste und damit Millionen von Iren nach Amerika trieb, von Nordamerika aus nach Irland gelangte.

Nach der großen Hungersnot begann für die Iren der Kampf um ihr Land. Die sogenannten *land wars* zogen sich über Jahrzehnte hin, wobei das Wort Krieg etwas irreführend ist: Es handelte sich um keine kriegerischen Auseinandersetzungen, sondern um eine Revolte, die das ganze Land erfasste. Mehr als die Hälfte aller Straftaten zwischen 1879 und 1881 wurde den *land wars* zugeordnet. Bauern, die von der Not anderer profitieren und das Land derer übernehmen wollten, die die Pacht nicht mehr zahlen konnten, wurden boykottiert oder Opfer von Gewalt. Andere wehrten sich durch den Pacht-Streik, bei dem Bauern einfach ihre Zahlungen an die Landbesitzer aussetzten. Diese Zeit des Aufruhrs dauerte Jahrzehnte und wurde vom Unabhängigkeitskrieg, einem Bürgerkrieg und zahllosen Bodengesetzen begleitet. Die beiden letzten wurden in den Jahren 1922 und 1933 vollzogen und sorgten dann endgültig für die Neuverteilung großer Farmen an Kleinbauern und bis dahin Landlose. Waren im Jahr 1870 gerade einmal drei Prozent aller irischen Bauern Eigentümer des von ihnen bearbeiteten Landes, gehörten ihnen im Jahr 1929 mehr als 97 Prozent aller Farmen.

Die Geschichte zeigt nicht nur, dass die ungleiche Verteilung des Bodens immer wieder Revolten auslöst – über den Boden lässt sich auch Ungleichheit zementieren. In Südafrika beschloss die Regierung während der Apartheid nicht nur die Trennung der Menschen nach ihrer Hautfarbe, auch das Land wurde geteilt. Es gab Gebiete, die nur Schwarze, andere, die nur Weiße besitzen durften.

So könnte uns die Geschichte Mahnung dafür sein, wie stark das Eigentum an Grund und Boden das Wesen einer Gesellschaft beeinflusst. Und wie folgenreich es sein kann, dass sich in der deutschen Landwirtschaft ein zunehmender Konzentrationsprozess beobachten lässt. Immer weniger Betriebe bewirtschaften immer größere Flächen. Hinter den Betrieben stehen Privatpersonen, deren Anteil an Grund und Boden stetig steigt.

Ein Land, in dem diese Besitzkonzentration wahrhaft extreme Ausmaße annahm, ist das zaristische Russland. Selbst der Zar sah sich damals zum Handeln gezwungen: «Es ist besser, die Leibeigenschaft von oben zu beenden, als bis zu dem Tag zu warten, an dem sie von unten abgeschafft wird.» Dieses Zitat wird Zar Alexander II. zumindest zugeschrieben, es soll im Zuge des sogenannten Emanzipationsaktes von 1861 gefallen sein. Der Zar glaubte also, einer Revolution vorzubeugen, wenn er die Leibeigenschaft der russischen Bauern beendete und ihnen sogar Land zuteilte.

Tatsächlich besaßen weniger als tausend Adelsfamilien im Land zu jener Zeit mehr als 70 Millionen Hektar Land, das entspricht mehr als dem Vierfachen der derzeitigen Anbaufläche Deutschlands – und die teilen sich in Deutschland wohlgemerkt mehr als 260 000 Betriebe.

Russland war zur Zeit von Zar Alexander II. von unbeschreiblicher Armut und unvorstellbarem Reichtum geprägt. Durch die Reform des Zaren bekamen die Bauern ihr Haus samt Grundstück in den eigenen Besitz und durften es auch vererben, mussten allerdings eine Abgabe an eine Art Dorfregierung zahlen. Die Großgrundbesitzer erhielten als Kompensation für die abgegebenen Ländereien staatliche Anleihen im Wert von 75 bis 80 Prozent des Marktwerts. Die Kosaken, eine stets besonders behandelte ethnische Gruppe in Russland, erhielten ein Drittel des öffentlichen Landes, mussten dafür aber 20 Jahre in der Armee dienen.

Was vielleicht gut gemeint war, ging am Ende jedoch nicht auf. Die Zahlungen, die die Bauern leisten mussten, erwiesen sich schnell als zu hohe Belastung. Außerdem ging die Menge des zuzuteilenden Landes stetig zurück, es kam zu Unruhen und 1905 begann die Oktoberrevolution in Russland. Die Sowjetunion löste das Zaren-Regime auf, 1918 wurde das Privateigentum von Land abgeschafft und durch das Konzept der Kollektivierung ersetzt.

Eine der größten, vielleicht auch größenwahnsinnigsten Bodenreformen wurde 1949 mit der Gründung der Volksrepublik China auf dem Platz des Himmlischen Friedens in Peking ausgerufen. Besitzlose Bauern, Tagelöhner und Wanderarbeiter stellten 70 Prozent der Bevölkerung. China war eines der ärmsten Länder der Welt – und ein Mann namens Mao hatte sich vorgenommen, zum großen Sprung anzusetzen. China sollte in der Landwirtschaft und in der Stahlproduktion zu den Großen der Welt aufschließen.

Im Zuge der Bodenreform wurden kleine und große Landbesitzer enteignet, das Land erhielten nun arme Bauern. Viele Kleinbauern nahmen sich auch einfach, was ihnen ihrer Meinung nach zustand. So argumentierte jedenfalls die kommunistische Partei, die die Bauern aufrief, sich auch gewaltsam Land anzueignen. Die Folge war eine Welle der Gewalt, in der fast die Hälfte des chinesischen Bodens umverteilt wurde.

Gleichzeitig wurde die Landbevölkerung in die staatlichen Industriebetriebe gedrängt. Hunderttausende zogen in Baracken neben Stahlwerken ein – und auf dem Land fehlten plötzlich die Bauern, um die Felder zu bestellen. Eine Katastrophe bahnte sich an: Die Bevölkerung wuchs rasant, aber es fehlten die Menschen, die für Nahrung sorgten.

Die abrupte Auflösung aller Besitzverhältnisse ließ alle gesellschaftlichen Strukturen zerbrechen, die teilweise über Jahrhunderte gewachsen und in der Landwirtschaft traditionell familiär ausgerichtet waren. Zwangskollektiviert und in genossenschaftlichen Großverbänden zusammengefasst, verloren die Menschen jegliches Recht auf Selbstbestimmung.

Dann wurden auch noch die Bauern, die auf den Feldern geblieben waren, von Mao aufgefordert, auf ihren Hinterhöfen primitive Hochöfen zu errichten und dort Stahl zu kochen. Am Ende wurden darin sogar wichtige landwirtschaftliche Werkzeuge eingeschmolzen, um letztlich minderwertiges und damit wertloses Eisen zu produzieren. Eine Hungersnot historischen Ausmaßes war das Resultat dieser wahnwitzigen Bodenreform, die große Kulturrevolution, die Mao dann 1966 ausrief, mündete in einen zehn Jahre währenden Bürgerkrieg. Mehr als 40 Millionen Menschen fielen Maos wahnwitzigem gesellschaftlichen Experiment zum Opfer.

Auch Deutschland hat seine Erfahrung mit Bodenreformen, vor allem in den neuen Bundesländern. Die DDR folgte der Idee der Zwangskollektivierungen, wie sie die Sowjetunion und China vorgelebt hatten. Weniger bekannt ist, dass auch die westlichen Alliierten eine Bodenreform geplant hatten – als dann allerdings der Kalte Krieg begann, verschwanden die Pläne schnell wieder in der Schublade. Man hatte nun andere Sorgen.

In der sowjetischen Besatzungszone aber wurde rigoros gehandelt. Jeder Grundbesitz über 100 Hektar wurde enteignet. Entschädigungslos. Das galt nicht nur für die Fläche, die die Grenze von 100 Hektar überschritt, sondern für den gesamten Besitz, einschließlich der Immobilien, des Viehs, der Möbel, der Kleidung. Zudem wurden die Enteigneten aus ihren Heimatkreisen ausgewiesen.

Mehr als 7000 Großgrundbesitzer wurden auf diese Weise entschädigungslos enteignet, 2,5 Millionen Hektar Land gingen in staatliche Hand über. Dazu kamen mehr als 4000 Betriebe «aktiver Nazis und Kriegsverbrecher», die auch unter 100 Hektar enteignet wurden. Dafür reichte oft eine Denunziation, nicht die erwiesene Schuld. Am Ende kamen mehr als 3,3 Millionen Hektar in Staatsbesitz, in Mecklenburg-Vorpommern betraf das mehr als die Hälfte der landwirtschaftlichen Nutzfläche.

Ein Großteil, mehr als 2,2 Millionen Hektar, wurde an neue und landlose Bauern, an Landarbeiter, Umsiedler, Kleinbauern und Altbauern verteilt, der Rest der Flächen von immer noch mehr als einer Million Hektar verblieb in Staatsbesitz. Mehr als eine halbe Million Menschen kamen auf diese Weise zu Grundbesitz. Die vergebenen Flächen waren allerdings oft kleiner als 20 Hektar, eine profitable Bewirtschaftung war damit kaum möglich. Es fehlte zudem an Gerät und Vieh, die Eigenversorgung der Bauern gelang nicht. Aus dieser Not heraus schlossen sich viele

Kleinbauern dann auch den neu geschaffenen landwirtschaftlichen Produktionsgenossenschaften (LPG) an.

Der Rest der Geschichte ist schnell erzählt: Kaum 50 Jahre nach der Verstaatlichung des Bodens begann man, wieder meistbietend zu privatisieren. Bei der Wiedervereinigung waren sich dann Ost wie West sehr einig, dass das Unrecht der Bodenreform nicht zurückgenommen werden kann – der Einigungsvertrag regelt zwingend deren Festschreibung. Die Wiedervereinigung der beiden deutschen Staaten wäre schlicht nicht vorstellbar gewesen, wenn mehr als ein Drittel der Fläche der ehemaligen DDR wieder von alten Eigentümern in Anspruch genommen worden wäre, die nahezu ausnahmslos im Westen lebten.

# Geht das jetzt so weiter?

Laut dem Heidelberger Institut für Internationale Konfliktforschung werden derzeit 38 Konflikte weltweit um Territorien ausgetragen. 104 Konflikte drehen sich um Ressourcen, zu denen man getrost auch immer direkt oder indirekt den Boden zählen kann – damit ist fast jeder dritte Konflikt weltweit auch eine Bodenkrise. Ein Beispiel für einen indirekten Bodenbezug ist ein Projekt in Äthiopien mit dem schönen Namen GERD, Grand Ethiopian Renaissance Dam ausgeschrieben – ein Mega-Staudamm, den Äthiopien jüngst nach mehr als zehn Jahren Bauzeit in Betrieb nahm. Der größte Staudamm Afrikas soll das Land mit Strom versorgen – bislang lebten mehr als die Hälfte der 120 Millionen Äthiopier ohne eine Energieversorgung. Das soll sich nun ändern, allerdings staut man dafür das Wasser, das 90 Prozent des Wasserverbrauchs im Nachbarstaat Ägypten deckt. Der Nil gilt seit Jahrtausenden als Lebensader Ägyptens – also ein Konflikt um Wasser? Es ist auch einer um Boden.

Seit Jahrtausenden schwemmt der Nil regelmäßig nährstoffreichen Schlamm aus den vulkanischen Hochebenen Äthiopiens nach Ägypten, erst damit war überhaupt eine auskömmliche Landwirtschaft in dem Wüstenstaat möglich. Im 19. Jahrhundert begann Ägypten seine Bewässerungsmethoden umzustellen und Staudämme zu bauen. Spätestens mit dem neuen äthiopischen Staudamm kommt der Transport organischen Materials nun vollends zum Erliegen, die Landwirtschaft Ägyptens und des Sudan sind damit vollständig auf Kunstdünger angewiesen. Das bedeutet höhere Kosten, neue Abhängigkeit und langfristig eine Schädigung der Bodengesundheit und des Trinkwassers. Zusätzlicher Druck entsteht durch die massiv steigende Bevölkerung: Lebten in Ägypten im Jahr 1800 noch 2,5 Millionen Menschen, sind es heute mehr als 110 Millionen.

An dieser Stelle unternehmen wir einen kleinen Exkurs und gestatten uns eine Zwischenfrage: Wie reagiert eigentlich der Boden auf Konflikte?

Die Frage ist keineswegs theoretischer Natur, denn Konflikte werden nicht im luftleeren Raum ausgetragen, sondern auf dem Boden. Weltweit wird etwa durch Minenfelder mehr Boden der Nutzung entzogen als durch den Bau von Schienen. Der Krieg betrifft insgesamt mehr Landfläche als alle anderen Nutzungsformen. Mehr als eine Million Quadratkilometer sind es derzeit laut eines Artikels, den die Wissenschaftler Giacomo Certini von der Universität Firenze und Riccardo Scalenghe von der Universität Palermo in diesem Jahr im Magazin *Science of The Total Environment* veröffentlichen. Die vom Krieg betroffenen Flächen übertreffen in ihrer Ausdehnung sogar die weltweiten urbanen Räume und bedrohen die Gesundheit und Verfügbarkeit von Böden auf lange Sicht.

Die Böden, auf denen gekämpft wurde, sind in ihrer Struktur zerstört, mit Schwermetallen aus Munitionsresten belastet und mit Trümmerschutt verfüllt. Die beiden Weltkriege haben in Europa mehrere zehntausend Quadratkilometer Landfläche zerstört. Einige Bombentrichter des Zweiten Weltkriegs haben Durchmesser von mehr als 100 Metern und reichen bis zu 20 Meter tief in die Erde. Hinzu kommen die Bodenverluste durch die militärische Infrastruktur: In Deutschland mussten zwischen 1937 und 1939 allein durch den Bau des sogenannten Westwalls mehr als 30 000 Bauern ihr Land verlassen. Landwirtschaftliche Betriebe mit einer Gesamtfläche von mehr als 1200 Quadratkilometer machten Platz für 18 000 Bunker und andere Verteidigungsanlagen an der 700 Kilometer langen Westfront – das entspricht ungefähr der Fläche der Städte Berlin und München, Lebensorte für mehr als fünf Millionen Menschen.

Dazu kommen circa 3000 sogenannte Rüstungsaltlastenverdachtsfälle in Deutschland. Flächen, auf denen verklappte Munition oder Blindgänger in größeren Mengen vermutet werden. Insgesamt summieren sich diese nicht nutzbaren Flächen auf mehr als 350 000 Quadratkilometer – das wäre im Vergleich so, als stünde die Hälfte des Bundeslandes Bayern aus Gefahrengründen nicht für die Landwirtschaft oder Wohnzwecke zur Verfügung.

Wenig verwunderlich, dass die landwirtschaftliche Nutzfläche in Deutschland während des Zweiten Weltkriegs sank, zwischen 1936 und 1943 um gut 3,5 Prozent oder rund 700 000 Hektar – das entspricht sieben Mal der Fläche der Ostseeinsel Rügen. Dagegen breiteten sich Kleingärten rasant aus, im genannten Zeitraum lag das Wachstum bei mehr als 16 Prozent. Die Nazi-Führung hatte das Ziel der Selbstversorgung ausgegeben, kein Wunder, bei einem Rückgang der landwirtschaftlichen Erträge um mehr als 20 Prozent während der Kriegsjahre. Das Kleingärtnern wurde aber auch schon im Ersten Weltkrieg propagiert: Man stellte dafür eigens Park- und Freiflächen zur Verfügung, wie die Umweltgutachter Bernd Steinweg und Michael Kerth in einem Artikel zu Kriegsschäden in Böden ausführen. Allein in Berlin vervierfachte sich zwischen 1914 und 1924 die Fläche der Kleingärten. Bis heute werden viele dieser Anlagen genutzt.

Mit den Laubenpiepern kommen wir auch wieder ins Hier und Jetzt: Denen will man nämlich in jüngster Zeit immer häufiger ans kleine Idyll. Flächen sind bekanntlich knapp, vor allem in den Städten – da sind die Schrebergärten veritable Ziele zur Landgewinnung: Wohnungen statt Gemüsebeet.

Die 44 000 Hektar Kleingartenfläche – die Hälfte davon befinden sich in den neuen Bundesländern – rücken immer häufiger ins Blickfeld von Stadtplanern und Investoren. Nach Angaben des Bundesinstituts für Bau-, Stadt- und Raumforschung wurden bislang mehr als 6500 Kleingärten für Wohnungsbau oder Infrastrukturmaßnahmen aufgegeben.

Inzwischen werden die Konflikte um den Boden in Deutschland um Kirschbäume, Parkplätze, Apartments, Windräder, Parks und Einkaufszentren ausgetragen. Der SUV-Besitzer steht dabei in Konflikt mit dem Anwohner, Wohnungssuchende mit Hobbygärtnern, Investoren mit Altmietern. Am Ende geht es dabei immer um den nicht vermehrbaren Boden. Wenn in Paris SUV-Besitzer nach einer Volksabstimmung dreimal so hohe Parkgebühren zahlen müssen, ist das auch Symptom eines verstärkten Wettbewerbs um Fläche. In Bremen hat ihn der Ortsverband des Fachverbandes Fußverkehr juristisch ausgetragen und gegen das Zuparken von Gehwegen geklagt. In diesem Jahr bekam er von den Gerichten recht: Städte und Anwohner können nun gegen das weitverbreitete Parken mit zwei Rädern auf den Gehsteigen bei den städtischen Behörden klagen. Bisher haben die Städte dieses Schwarzparken mit dem Verweis auf den Parkdruck toleriert, nun sticht der Bodendruck diese Praktik künftig aus.

Solche Entscheidungen werden das Gesicht der Städte maßgeblich verändern. Paris baut bereits 70 000 Parkplätze ab, will dafür mehr Grünflächen und verkehrsberuhigte Zonen einrichten. Die Uferstraßen an der Seine wurden bereits für den Autoverkehr gesperrt, fast überall in der Stadt gilt Tempo 30. Wen wundert es da, dass heute nur jeder Dritte in Paris überhaupt noch ein eigenes Auto besitzt? In Berlin plant der Bezirk Mitte bis zum Jahr 2026 jeden vierten Parkplatz zu entsiegeln und für Baumpflanzungen und nachbarschaftlich genutzte Stadträume zu nutzen.

Nicht alle finden das gut, an der Seine und der Spree sind vor allem Handwerker und Gewerbetreibende gegen diese Veränderungen. Aber in Deutschland stehen bisher fast 60 Prozent aller Verkehrsflächen den Pkw zur Verfügung, nun fordern Radfahrer und Fußgänger auch ihr Recht. Wie die Neuaufteilung des Bodens gelingen kann? Zum Beispiel, indem man seine Nutzung verteuert. An-

Unser begrenzter Planet reicht nicht mehr für alle Interessen, das hat seinen Preis und muss neu verhandelt werden.

wohnerparkausweise in Amsterdam kosten mehr als 500 Euro im Jahr, in Stockholm sogar mehr als 1300 Euro. Und in Deutschland? Circa 30 Euro. Man muss kein Prophet sein, um vorherzusagen, dass an dieser Preisschraube sicher noch gedreht wird. Die Deutsche Umwelthilfe fordert bereits, die Gebühr auf mindestens 360 Euro anzuheben und die Mehrerlöse in den Ausbau des öffentlichen Nahverkehrs zu investieren. Es ist allerdings nicht so, dass Parkflächen per se Mangelware sind. Deutschlandweit besteht mit 160 Millionen Stellplätzen sogar ein enormes Überangebot – viele befinden sich jedoch in Parkhäusern und Tiefgaragen abseits der City-Lagen. Bodenverschwendung in Reinkultur.

Unser begrenzter Planet reicht nicht mehr für alle Interessen, das hat seinen Preis und muss neu verhandelt werden. Das gilt vor allem in den Großstädten. Wenig überraschend spitzen sich hier die Konflikte um den Boden zu. Hier steigen die Zahlen der Kleingärtner, hier kämpfen die Menschen besonders um ihr Idyll – während in strukturschwachen Regionen beispielsweise mehr als 65 000 Kleingärten leer stehen.

Zu einfach lassen sich bei den Bodenproblemen in den Großstädten Klischees bedienen, wenn etwa der kleine Laubenbesitzer Platz machen soll für den Investor, der Luxusapartments bauen will, oder wenn die Fahrradfahrer-Lobby Raum einfordert, den bislang die Flotte klimaschädlicher SUVs besetzt. Am Ende geht es bei Bodenfragen häufig um den Ausgleich zwischen Profitinteressen und Allgemeinwohl. So benötigen gerade Städte in Zeiten steigender Temperaturen Freiflächen, grüne Lungen und Schattenflächen, das können Bäume, Parks oder eben Schrebergärten sein. Gleichzeitig zeigen die Überschwemmungen der jüngsten Vergangenheit, dass vollständig zubetonierte Städte sowieso kein Zukunftsmodell sind. Es braucht Versickerungsflächen – aber wer soll das bezahlen? Und warum sollten Kommunen oder Investoren auf Profite verzichten, wenn man doch mit den teuren Apartments anstelle der Schrebergärten auch noch die Wohnungsnot bekämpft?

Doch der Wert des Bodens in den sogenannten 1A-Lagen ist nicht nur ökonomisch hoch. Die teuersten Hütten der Stadt stehen oft auch auf dem biologisch besten Grund. Während in den Randlagen, wo die Kleingärten stehen, in der Historie oft Industrie angesiedelt war, deren Schadstoffe noch immer im Boden zu finden sind, gelten die meisten innerstädtischen Lagen als unbeschadet. Industrie hat es hier selten gegeben – bester Boden also. Und vielleicht müssen wir uns irgendwann fragen, ob wir den nicht für Besseres nutzen können als für latent insolvente Kaufhäuser zum Beispiel.

Der Boden bleibt eine Herausforderung, er lässt sich nicht vermehren, man kann ihn nicht als Kredit aufnehmen oder endlos dazukaufen. Das schafft Konflikte, die uns hoffentlich zu Lösungen drängen.

Doch erst einmal ist der Ausblick unerfreulich. Laut der Europäischen Umweltagentur haben bereits 13 EU-Staaten erklärt, dass sie von Verwüstung betroffen sind. Dazu zählt in großem Maße Spanien, aber auch Teile Brandenburgs, wo der Klimawandel dem Boden derart die Feuchte entzieht, dass sich Wüsten ausbilden. Erosion und steigende Meeresspiegel nehmen weitere Flächen. Der wirtschaftliche Wert von Wald könnte bis zum Ende des Jahrhunderts um bis zu 50 Prozent zurückgehen, weil sich vor allem die ökonomisch hochwertigen Baumarten durch den Klimawandel zurückziehen. Auch in der Landwirtschaft wird erwartet, dass veränderte Klimabedingungen bis 2050 das Einkommen in der Landwirtschaft um bis zu 16 Prozent verringern.

Die internationale Wissenschaftsplattform *Biodiversity and Ecosystem Services (IPBES)* erwartet laut einer Studie, dass bis 2050 mehr als vier Milliarden Menschen infolge des Klimawandels in Trockengebieten leben werden. Dadurch, so die Erwartung der Wissenschaftler, werden bis zu 700 Millionen Menschen zur Migration gezwungen sein, Konflikte werden in diesen Gebieten um bis zu 45 Prozent zunehmen.

Macht und Einfluss
haben immer noch
die, die dies schon im
Feudalismus hatten:
die Besitzer von Grund
und Boden.

# Was den Primärfaktor Boden so besonders macht und warum die Marktwirtschaft hier nicht funktioniert

Der Boden hat in den vergangenen Jahren die Produktivfaktoren Arbeit und Kapital in der Bedeutung und Wertentwicklung deutlich ausgestochen. Seit der Finanzkrise 2008 und der daran anschließenden Niedrigzinsphase ging der Anteil des Kapitaleinkommens am Volkseinkommen zurück. Der Faktor Arbeit konnte leichte Zuwächse bei den Löhnen verzeichnen – die Bodenwerte aber schossen in die Höhe. Sie gewinnen in der Volkswirtschaft immer mehr an Bedeutung, nur merken wir kaum etwas davon. Denn der Primärfaktor Boden wird in der volkswirtschaftlichen Gesamtrechnung schlicht übersehen und nicht gesondert ausgewiesen. Man kann von einem vergessenen Produktivfaktor reden. Und auch wenn wir uns in der modernen Wissensgesellschaft wähnen, Macht und Einfluss haben immer noch die, die dies schon im Feudalismus hatten: die Besitzer von Grund und Boden.

Wer das ist? Wenn man das nur wüsste. So wie die Volkswirtschaft den Boden gern übersieht, bleiben in Deutschland derzeit auch diejenigen meist unsichtbar, die von der aktuellen Boden-Hausse am meisten profitieren: die Grundbesitzer. In einem Land, das gemeinhin alles zählt und wiegt, sind ausgerechnet die Eigentumsverhältnisse für Boden vielfach unbekannt. Während man in Dänemark einfach im Internet nachschauen kann, wem das Grundstück nebenan gehört, gewähren die deutschen Ämter entsprechende Einblicke in das Grundbuch nicht bei Interesse, sondern nur bei nachgewiesen sehr triftigen Gründen. Eine frei zugängliche Datenbank im Internet? Wo kämen wir denn da hin?

Das Gefühl, dass man vielleicht etwas mehr über den Grund wissen sollte, auf dem das Land steht, hatte auch die Politik. Angesichts stetig steigender Mieten berief die Bundesregierung 2018 eine «Baulandkommission». Das Gremium hatte zur Aufgabe, Vorschläge für eine verbesserte Datengrundlage zu erarbeiten und mehr Transparenz auf den Bodenmärkten zu schaffen. Gelungen ist das nicht.

Der Primärfaktor Boden unterscheidet sich von Arbeit und Kapital fundamental. Das macht es auch so schwierig, ihm mit der gleichen Logik zu begegnen – zum Beispiel mit der Idee von Angebot und Nachfrage. Der Boden ist dafür viel zu eigen, er lässt sich zum Beispiel nicht vermehren und er nutzt sich auch nicht ab, für Investitionen in Boden gibt es daher keine Abschreibung.

Üblicherweise ist das in der Marktwirtschaft so: Steigt die Nachfrage, wird mehr produziert, im besten Fall erhöht sich dadurch das Angebot bei gleichzeitig sinkenden Preisen. Und genau das funktioniert beim Boden eben nicht: Hier steigt der Bedarf zwar seit Jahrzehnten, nur lässt sich davon nicht mehr produzieren. Ganz im Gegenteil: Das Angebot nimmt jeden Tag ab. Im Vierjahresmittel der Jahre 2018 bis 2021 verlor Deutschland um die 55 Hektar am Tag. Das entspricht einer halben Million Quadratmetern oder mehr als 77 Fußballfeldern. Das ist mehr, als würde täglich jeder Verein der ersten, zweiten und dritten Bundesliga ein neues Stadion bauen, 365 Tage im Jahr.

Das bedeutet natürlich nicht, dass diese Flächen verschwinden, Deutschland also schrumpft. Der Boden wird überbaut, versiegelt, durch Erosion weggeweht oder weggespült – und ist dann erst einmal weg für andere Nutzungen wie etwa die Landwirtschaft.

Absolut beläuft sich das Flächenangebot in Deutschland auf 357 386 Quadratkilometer. Mehr gibt es nicht, solange wir davon ausgehen dürfen, dass hier niemand mit Expansionsgelüsten an die Macht gelangt. Gleichzeitig hat sich die Bevölkerung seit der Gründung Deutschlands im Jahr 1871 glatt verdoppelt, und das, obwohl die Grenzen damals noch eine Fläche von mehr als 540 000 Quadratkilometern eingeschlossen haben. Damit standen jedem Bürger des frisch gegründeten Kaiserreichs statistisch 0,01 Quadratkilometer zur Fügung – heute sind es 0,004 Quadratkilometer für jeden Bundesbürger.

Gleichzeitig steigt die Nachfrage. Bei Kaiser Wilhelm gab es weder Einkaufscenter, Parkplätze oder vierspurige Autobahnen noch Wohnflächen von 100 und mehr Quadratmetern, die eine Familie mit mittlerem Einkommen heute für auskömmlich erachtet. Es wurden auch keine Wind- oder Solarparks geplant, geschweige denn Stromtrassen – und auch Golfplätze waren allenfalls eine Randnotiz. Der erste in Deutschland entstand übrigens 1889 in Bad Homburg, damals noch unter der strengen Aufsicht des Prince of Wales. Heute, 135 Jahre später, liegt der Flächenverbrauch für Golfplätze über dem für Erneuerbare Energien.

Der Rest ist bekannt: Steigende Nachfrage bei gleichbleibendem oder gar sinkendem Angebot führt zu steigenden Preisen. Und damit kommen wir zu einem wichtig werdenden Begriff: der Bodenrente. Für die Eigentümer ist der Boden nämlich ein gemütliches Ruhekissen. Es erzeugt Profite quasi im Schlaf, weil sein Wert durch die steigende Nachfrage unaufhörlich steigt.

Da der Boden in den zurückliegenden Jahrzehnten quasi aus sich heraus Werte schuf, ohne dass man sonst irgendetwas dafür hätte tun müssen – es reichte schon, ihn eine Weile zu besitzen –, wurde die Arbeit mit und auf dem Boden immer unattraktiver, der Kauf und Verkauf hingegen richtig sexy. Man nennt das auch: Spekulation.

Sie blühte, wo der bezahlbare Wohnraum am meisten fehlt – in den Großstädten. Wie das passieren konnte, ließe sich in jeder Stadt an unzähligen Beispielen erzählen. Wir fahren dafür nach Leipzig und schauen uns das Gelände am ehemaligen Eutritzscher Freiladebahnhof an. Das 25 Hektar große Areal, kaum vier Kilometer vom Stadtzentrum entfernt, verkaufte die Deutsche Bahn im Jahr 2005 an einen Vermögensverwalter.

Kaufpreis: 2,1 Millionen EUR.

Zehn Jahre später erwirbt die CG-Gruppe die Fläche.
Kaufpreis: 33 Millionen EUR.

2019 verkauft die CG-Gruppe den Boden an die österreichische Imfarr Beteiligungs GmbH.

Kaufpreis: 195 Millionen EUR.

2021 steigt die Gateway Real Estate in das Projekt ein und will auch Verbindlichkeiten im Wert von 210 Millionen Euro übernehmen. Binnen 16 Jahren hat sich der Bodenwert pro Quadratmeter damit glatt versechzigfacht, wenn man die Zugewinne an Flächen herausrechnet. Und das – nun kommt der springende Punkt –, ohne dass ein einziges Haus auf diesem Boden gebaut oder sonst irgendeine Leistung erbracht wurde. Die Bodenrente entsteht leistungslos, und das ist für einige wenige Spekulanten recht schön, für die Gesellschaft nicht.

Für den Ökonomen Prof. Dirk Löhr, er unterrichtet Steuerlehre und Ökologische Ökonomik an der Hochschule Trier, wurde beim Boden ein ökonomisches Grundprinzip entkoppelt: Nämlich dass der, der die Kosten trägt, auch vom Nutzen profitieren sollte und umgekehrt. Die Kosten für die Steigerung von Bodenwerten sieht Löhr bei der Gesellschaft, erreicht durch Infrastrukturprojekte, zivilgesellschaftliche Kreativität und Konzepte. Dagegen profitieren vom Nutzen, also von der steigenden Attraktivität von Flächen nur wenige: die Bodeneigentümer.

Das sind neben den Spekulanten die Kirchen und die alten Adelsfamilien, von denen einer Handvoll beispielsweise der Großteil der deutschen Wälder gehört, sowie eine kleine vermögende Oberschicht. Der öffentlichen

Hand gehört kaum noch etwas, weil vor allem die Kommunen in den 1990er-Jahren ihren Grundbesitz weitgehend versilbert, na ja, eigentlich verscherbelt haben.

Am Eutritzscher Freiladebahnhof jedenfalls ist heute ein Grundstück tatsächlich zu teuer geworden, um darauf noch bezahlbaren Wohnraum zu bauen. In Leipzig-Eutritzsch hat sich die Gateway Real Estate daher dann doch schnell wieder aus dem Projekt zurückgezogen. Die Begründung: Der Bodenpreis ist zu teuer für eine gewinnbringende Bebauung.

Dirk Löhr nennt den Primärfaktor Boden daher eine «riesige Umverteilungsmaschine», die Vermögen zu einer kleinen Schicht der Gesellschaft akkumuliert. Der Bodenpreis hat dabei schon lange nichts mehr mit der Ertragsfähigkeit einer Fläche zu tun. Die Dummen sind am Ende diejenigen, die auf einer überteuert gekauften Fläche sitzen, die nicht rentabel zu bebauen ist. Die gute Nachricht für die Bodeneigentümer: Auch das lässt sich zumeist aussitzen. Verlierer ist die Gesellschaft, der Gestaltungsspielraum genommen wird.

Für Dirk Löhr steht der Boden im Zentrum von Wirtschaft und Gesellschaft. Nur interessiere das die wenigsten seiner Kollegen oder Studenten in der Ökonomie. Der Boden habe im Laufe der Zeit in der Wissenschaft an Bedeutung verloren. Wie sehr, zeige schon ein Blick in die gängigen Lehrbücher zur Ökonomie – zum Produktionsfaktor Boden finde man da wenig bis gar nichts.

# Warum Thomas Robert Malthus recht hatte – und auch nicht (und was die Herren Haber und Bosch damit zu tun haben)

Der britische Ökonom Thomas Robert Malthus prophezeite schon 1798 in seiner Theorie des Bevölkerungswachstums, dass jede Volkswirtschaft eine natürliche Grenze des Wachstums habe: die Ertragskraft des Bodens.

Schließlich könne jede Volkswirtschaft nur auf ihrer limitierten Fläche und damit sehr endlich Nahrungsmittel produzieren. Reicht die Fläche zu einem bestimmten Zeitpunkt aufgrund des Bevölkerungswachstums nicht mehr aus, um alle Menschen zu versorgen, würden die immer teurer werdenden Lebensmittel die Kaufkraft der Menschen erschöpfen und damit weiteres Wachstum ersticken. In der Theorie stimmt das – in der Praxis lag Malthus dann aber doch daneben.

Er hatte nicht ahnen können, dass Anfang des 20. Jahrhunderts zwei Herren namens Bosch und Haber ein Verfahren erfinden würden, mit dem sich aus Luftstickstoff und Wasserstoff Ammoniak herstellen ließ. Ammoniak ist der weltweit meisteingesetzte Stickstoffdünger, durch den sich die Erträge in der Landwirtschaft vervielfachen ließen. Fritz Haber und Carl Bosch sorgten dafür, dass sich Malthus' Prophezeiung buchstäblich in Luft auflöste. Bisher jedenfalls.

Durch das 1908 angemeldete Verfahren hebelte der Mensch den Stickstoffkreislauf der Natur aus. Bis dahin ließ sich der für das Wachstum von Pflanzen nötige Stickstoff nur organisch über Mist und Gülle bereitstellen, nun war er industriell in Fabriken herstellbar und quasi endlos verfügbar.

Der Zeitpunkt der Erfindung hätte auch aus Sicht der deutschen Generäle nicht besser sein können. Ammoniak eignet sich nämlich nicht nur für die Herstellung von Kunstdünger, sondern auch für Sprengstoffe. Durch die britische Seeblockade war Deutschland 1914 von den natürlichen Rohstoffen für die Sprengstoffherstellung – vor allem von Natronsalpeter aus Chile – abgeschnitten. Ohne das Haber-Bosch-Verfahren hätte Deutschland den Ersten Weltkrieg aus Mangel an Munition wohl ziemlich schnell absagen müssen.

Zurück zum Boden: Ob der Kunstdünger die Ertragskraft der Böden so nachhaltig steigern kann, dass wir auch künftig der Malthus'schen Prophezeiung entgehen, ist fraglich. Schon heute belastet Überdüngung das Grundwasser und wird über die Flüsse in die Meere eingetragen, wo sie die Vermehrung von Algen ankurbelt. Auch eine Form der Ertragssteigerung, nur, dass die in diesem Fall unschöne Folgen hat: Sterben diese Algen ab, werden sie von Bakterien zersetzt. Ein Prozess, der dem Meer Sauerstoff entzieht und zu den sogenannten Todeszonen führt, in denen kein Fisch mehr schwimmt und keine Krabbe mehr krabbelt.

Ebenso erkennt die Wissenschaft immer deutlicher, dass

Weniger Dünger,
weniger Ackerfläche –
und gleichzeitig müssen
wir die Erträge bis 2050
glatt verdoppeln.

diese lebensfreien Zonen auch im Boden entstehen können: Man muss sich den Untergrund nämlich wie einen lebendenden Organismus vorstellen, in den man leider nicht einfach so Nährstoffe hineinkippen kann, um dann wieder mehr herauszuholen. Die Vielfalt der Bodenlebewesen nimmt dadurch nämlich ab und das schwächt die Ertragskraft der Böden, noch mehr Dünger ist notwendig – dieser Teufelskreis ist an vielen Orten dieser Welt im Gang.

Mittelfristig wird zudem die Versorgung mit Phosphor ein Problem: In weniger als einem halben Jahrhundert sollen die weltweiten Vorkommen aufgebraucht sein. Dann sind wir auf Stoffkreisläufe angewiesen, werden also nachdenken müssen, was wir mit unseren Abwässern machen – die sind dann nämlich eine der letzten Ressourcen für Phosphor.

Auch hier stehen wir vor natürlichen Limitierungen: Weniger Dünger, weniger Ackerfläche – und gleichzeitig müssen wir die Erträge bis 2050 glatt verdoppeln, um die Weltbevölkerung satt zu bekommen. Eine Ausgangslage ganz im Sinne der Theorie von Malthus: Behält er am Ende nach mehr als zweieinhalb Jahrhunderten doch noch recht?

Sicher ist: Wir werden uns etwas einfallen lassen müssen. Auch in Deutschland – hier sind wir immerhin Abnehmer von sechs Prozent der weltweiten landwirtschaftlichen Erträge. Gleichzeitig exportieren wir jede dritte Tonne der Erträge unserer eigenen Böden – Landwirtschaft ist längst ein globales Geschäft, das man entsprechend über die Landesgrenzen hinaus denken muss.

Was könnte uns helfen, der Prophezeiung von Malthus zu entgehen? Die Fakten sind schnell erzählt: Die Bevölkerung wächst. Der Wohlstand auch – das treibt die Nachfrage nach Nahrungsmitteln. Der Druck auf den Boden wächst exponentiell, schließlich verändert der Wohlstand die Ernährungsgewohnheiten. Dort, wo die Armut bislang nur weitgehend pflanzliche und industriell unverarbeitete Nahrungsmittel erlaubt, werden die Menschen künftig auch Fleisch und Tiefkühl-Croissants essen wollen. Regionen mit starkem Bevölkerungswachstum wie Nordafrika werden zu mehr als der Hälfte auf Nahrungsimporte angewiesen sein, also von den Böden in Europa, Asien und Lateinamerika abhängig. Mehr als schon heute werden die Erträge der Böden dahin wandern, wo sie die höchsten Preise erzielen. Damit dürften die Preise generell steigen, der Kampf um Boden sich zuspitzen.

Wenn sich ein Gut nicht vermehren lässt, kann man es nur von anderen kaufen, tauschen oder sich einfach nehmen. Die Grenzen dazwischen sind mitunter fließend. Zwischen 2000 und 2018 waren die USA die eifrigsten Bodenkäufer der Welt, mehr als acht Millionen Hektar zusätzliches Land sicherte man sich in Argentinien, der Ukraine, Brasilien und der Volksrepublik Kongo, dazu kamen 90 weitere Deals in anderen Staaten. Zweitgrößter Bodenkäufer in besagtem Zeitraum ist Malaysia, mit dem Erwerb von mehr als vier Millionen Hektar vor allem in Indonesien, Papua-Neuguinea, Kambodscha und Liberia vergrößerte das Land seine Nutzfläche um mehr als zehn Prozent.

Über den Landkäufer China wurde zuletzt am meisten

gesprochen, tatsächlich lag das Land mit mehr als drei Millionen Hektar nur auf dem dritten Platz. China investierte vor allem in Laos, Kambodscha, Myanmar und Mosambik.

Vierter relevanter Akteur ist Großbritannien mit einem Zukauf von mehr als zwei Millionen Hektar, vor allem in Indonesien, Uruguay, Tansania und Mosambik.

Die Zahlen zeigen auch, dass Indonesien derzeit das Land ist, das am meisten von seinem Grund und Boden verkauft. Dabei wird in der öffentlichen Debatte um das sogenannte Landgrabbing meist auf Afrika geschaut, die Zahlen zeigen allerdings, dass sich Investoren zurzeit vor allem auf Südostasien konzentrieren, neben Ostafrika. Erweitert man den Zeitraum bis 2022, dann liegt eine Region beim Verkauf seiner Fläche mit großem Abstand vorn: In Osteuropa und Russland haben mehr als 31 Millionen Hektar Land neue ausländische Besitzer.

Auf den meisten dieser von anderen Staaten eingekauften Flächen werden keine Nahrungsmittel produziert, sondern Tierfutter oder Energiepflanzen. Und wer es sich leisten kann, sichert sich Äcker überall in der Welt – die fehlen dann allerdings anderen Menschen.

Die Welternährungsorganisation (FAO) sieht immerhin noch ungenutzte Potenziale: In der Subsahara-Region und in Lateinamerika ließen sich noch landwirtschaftliche Nutzflächen gewinnen. Durch Bewässerung könnten weitere Gebiete nutzbar gemacht werden. Allerdings liegen diese Flächen in einer sehr überschaubaren Zahl an Ländern auf den beiden Kontinenten, und deren Nachbarn könnten eigene Begehrlichkeiten entwickeln. Dort gehen Bodenknappheit und starkes Bevölkerungswachstum Hand in Hand, es fehlt an Infrastruktur, Know-how und Dünger. Zwar könnten global gesehen für die Welternährung immerhin mehr als 100 Millionen Hektar Ackerfläche gewonnen werden – aber ob das reichen wird, ist fraglich: Nach heutigen Berechnungen geht die FAO von mehr als 370 Millionen unterernährten Menschen im Jahr 2050 aus.

Um diese Zahl zu minimieren, müsste global gedacht und agiert werden. Und man müsste anfangen, Nahrungsmittel dort anzubauen, wo sie je nach Art die besten klimatischen Bedingungen und geeigneten Böden vorfinden. Dass heute ausgerechnet Reis das Hauptnahrungsmittel in Afrika ist, hat wenig Sinn auf einem eher trockenen Kontinent. Steigern ließen sich die Erträge zudem durch den Anbau von Arten, die sich an den Klimawandel anzupassen verstehen. Das spricht für den Einsatz von Gentechnik und für die Rückbesinnung auf Vielfalt und alte Sorten.

Die Frage ist, ob diese Herkulesaufgabe mit bodenschonenden Methoden zu bewältigen ist. Dem Ökolandbau wird immer wieder vorgehalten, dass er zwar sinnvoll sei, aber nun mal die Menschheit nicht satt kriege. Das wäre eine ziemliche Zwickmühle – immerhin geht es in der Landwirtschaft nicht nur ums Essen, sondern längst auch um Klimaneutralität, den Schutz der Böden und Biodiversität. Mit der konventionellen industriellen Landwirtschaft ist nichts davon zu erreichen – bleibt der Sektor also einer der größten Emittenten von Klimagasen und ein Vernichter biologischer Vielfalt?

Im Jahr 2023 entfielen 7,7 Prozent aller freigesetzten Treibhausgase auf die Landwirtschaft, für Methan und Lachgas waren es sogar zwei Drittel. Wilfried Bommert, Sprecher des Instituts für Welternährung in Berlin, fordert daher unbeirrt den rigorosen Umschwung zur ökologischen Landwirtschaft. Er ist einer der Autoren einer 2018 veröffentlichten Streitschrift. Darin wird beklagt, dass die industrielle Landwirtschaft zu viele Kollateralschäden verursache und sich gerade – bildlich gesprochen – selbst an die Wand fahre. «Die Bodenfruchtbarkeit sinkt in der industriellen Landwirtschaft dramatisch. Dazu kommen Erosion sowie der Verlust an Wasserreserven, der Rückgang der Biodiversität und der Anstieg an Treibhausgasen», zählt Bommert auf. Der Rückgang der Bodenfruchtbarkeit wird derzeit für alle landwirtschaftlich genutzten Böden auf mehr als 50 Prozent geschätzt. Dazu entfallen auf die Landwirtschaft fast 70 Prozent des weltweiten Trinkwasserverbrauchs; der Rückgang von Wildpflanzen auf intensiv genutzten Landwirtschaftsflächen wird auf 95 Prozent geschätzt.

Trotzdem bleibt die Frage, ob es überhaupt möglich ist, von heute auf morgen auf Bio umzustellen? Laut Bommert ist der Schritt unvermeidbar – man müsse aber auch nicht in Hektik verfallen: «Von heute auf morgen gelingt der Umstieg nicht. Wir hätten dafür aber auch eine ganze Generation Zeit.» Man dürfe auch nicht vergessen, dass die weltweit dominierende Landwirtschaft die ökologische Variante sei, ohne Chemie, ohne Stickstoffzugaben. Die Ursache ist freilich ungewollt, den Menschen fehlt in vielen Regionen der Welt einfach das Geld, um Dünger, Maschinen oder Saatgut zu kaufen. Ökologische Methoden gibt es derweil zuhauf: In Teilen Asiens für den Reisanbau, in Europa und Lateinamerika den Agrarforst, wo Nahrungsmittel im Wald angebaut werden – das alles sind hocheffiziente Systeme. Studien zeigen zudem, dass gerade im Ökolandbau durch bessere Ausbildung und Werkzeuge hohe Produktivitätsgewinne möglich sind. Die Erträge der industriellen Landwirtschaft werden dagegen laut Bommert «aufgrund der Klimaveränderungen vielerorts einbrechen».

Das Steigerungspotenzial für die kleinbäuerliche ökologische Landwirtschaft beziffern Wissenschaftler hingegen allein in den Tropen und Subtropen durch besseres Knowhow und moderne Werkzeuge auf bis zu 150 Prozent. Doch die Welternährung hängt nicht allein von einer Steigerung der Erträge ab: Ein mindestens ebenso wichtiger Hebel, der Malthus'schen Prophezeiung entgegenzuwirken, wäre der Verbrauch. Keine Sorge, es geht nicht darum, weniger zu essen – aber anders. Wenn der Ökolandbau den gleichen Bedarf befriedigen soll wie heute die konventionelle Landwirtschaft, dann wird auch er die Natur schädigen. Aufgrund seiner niedrigeren Erträge würden bei einer 100-prozentigen Umstellung auf ökologische Produktion zudem erheblich mehr Flächen gebraucht, was kaum realisierbar, vor allem nicht wünschenswert ist.

Und vielleicht ist auch nicht nötig, gäbe es weniger Fleisch, vor allem aber weniger Verschwendung. Zwischen Acker und Mund gehen zu viele Nahrungsmittel verloren. In Deutschland betrifft das fast jede dritte Tonne, das sind mehr als 300 Kilogramm essbare Nahrungsmittel, die in unserem Land pro Sekunde auf dem Müll landen. Außerdem nutzen wir einen Großteil wertvoller Anbauflächen für die Produktion von Futtermitteln, weil der Verbrauch von Milchprodukten und Fleisch so hoch ist – allein wenn man an diesen beiden Schrauben drehte, würden viele Kapazitäten frei.

Anteil der weltweiten Ackerflächen, auf denen Biokraftstoffe angebaut werden, in Prozent: 10

Anteil der verbleibenden 90 Prozent Ackerflächen, auf denen Nahrungsmittel angebaut werden, in Prozent: 19

Anteil der Ackerflächen weltweit, die die Viehwirtschaft beansprucht, in Prozent: 77

Zahl der unterernährten Menschen in 2022, in Millionen: 735

Zahl der fettleibigen und übergewichtigen Menschen in 2022, in Millionen: 1083

Vielleicht reicht es schon, weniger ideologisch an das Thema heranzugehen. Über die Ziele ließe sich doch leicht ein Konsens finden: Die Menschheit muss satt werden. Böden, Wasser, Biodiversität und Klima sollen nicht beeinträchtigt werden. Öko oder konventionell – ist das dann wirklich noch die Frage? Könnte die intensive Landwirtschaft nicht umweltverträglicher werden? Öko ist gut, aber auch nicht perfekt. Wir brauchen mehr Grundlagen- und angewandte Forschung, etwa für den Schutz vor Krankheiten und Schädlingen. Wir brauchen besseres Saat- und Pflanzgut, und wir müssen mehr wissen über Biodiversität und den Nutzen von Ökosystemen. Weil bei der Debatte um Landwirtschaft und Ernährung zu oft das Natürliche überbetont wird, entsteht eine ablehnende Haltung gegenüber technischen Innovationen. Aber wir brauchen beides. Und vor allem brauchen wir mehr Fantasie, Wissen und Akzeptanz.

# Warum Klimaforscher heute zur sozialen Ungleichheit forschen und sich dabei mit Bodensteuern auseinandersetzen

Wissenschaftler wie Kai Lessmann vom Potsdam Institut für Klimafolgeforschung (PIK) schauen nicht nur in den Himmel, wenn es um die Erforschung des Klimawandels geht, sie befassen sich auch mit Steuern, dem Boden und sozialer Gerechtigkeit.

«In der Klimapolitik kommt man schnell auf Verteilungsfragen», sagt Lessmann. Denn die Besteuerung von $CO_2$ führt zu höheren Energiepreisen, Wohneigentum wird durch Dämmung und emissionsarme Heizungen teurer – und damit wirke sich Klimapolitik eben sehr direkt auf das Vermögen der Menschen aus. Die Umsetzung von Klimamaßnahmen ist auch vom Kapital der Menschen abhängig.

Das Interesse der Klimaforscher war spätestens geweckt als Thomas Piketty 2014 seinen Bestseller «Das Kapital im 21. Jahrhundert» veröffentlichte und darin die soziale Ungleichheit mit der ungleichen Akkumulation von Kapital erklärte. Für Lessmann und seine Kollegen hatte Piketty einen wichtigen Faktor in seiner Analyse vergessen: den Boden. «Und dessen Rolle wollten wir uns einmal anschauen», sagt Lessmann. Mit seinen Kollegen verfolgte er die These, dass Ungleichheit in der Gesellschaft vor allem

Eine Erbschaftssteuer, kombiniert mit der Besteuerung von Bodenbesitz, zeigte deutlich positive Auswirkungen.

durch zwei Entwicklungen begünstigt wird: Erbschaften und der Anstieg von Bodenwerten. Sollte man dann nicht auch an diesen Schrauben drehen, wenn man etwas verändern will?

Die Klimaforscher nutzten für ihre Analyse das Werkzeug, mit dem sie auch das Klima untersuchen: die Modellierung. Sie erstellten ein theoretisches ökonomisches Modell, um damit Zukunftsaussagen zur Wirkung von Steuern zu generieren. «Solche ökonomischen Modelle bilden die Welt weniger detailliert ab als die Klimamodellierung», sagt Lessmann, fünf bis zehn Gleichungen – mehr brauche es dafür nicht.

Zunächst versuchten die Potsdamer Forscher, anhand weniger Parameter wie der Verteilung von Vermögen in einer Volkswirtschaft oder Investitionen, Steuern und Renten in durchschnittlichen OECD-Ländern im Modell die aktuelle Vermögensverteilung zu reproduzieren. Als diese Kalibrierung geglückt war, schauten sie, was passiert, wenn die Parameter verändert werden. Einen erwartbaren Effekt auf die Umverteilung zeigte eine Erbschaftssteuer. Erwartet worden war auch, dass diese Steuer am Ende wachstumsschädlich sein kann, weil dadurch weniger Geld für Investitionen zur Verfügung steht.

Überraschend war dagegen, dass es einen steuerlichen Spielraum gibt, der sich nicht gleich negativ auf das Bruttosozialprodukt auswirkt: Eine Erbschaftssteuer, kombiniert mit der Besteuerung von Bodenbesitz, zeigte deutlich positive Auswirkungen. Lessmann spricht von einer «schönen Erkenntnis».

Durch die Besteuerung von Landbesitz wird Bodenbesitz unattraktiver und Kapital gleichzeitig produktiver. Investitionen fließen weniger in den Besitz von Boden und stattdessen in den Kapitalstock der Ökonomie. Außerdem ließen sich durch die höheren Einnahmen aus Boden- und Erbschaftssteuern im Gegenzug auch Mehrwert- und Unternehmenssteuern senken. Das Zurückdrängen der Bedeutung von Land bei der Vermögensbildung habe so einen stimulierenden Effekt auf die Wirtschaft und wirke der ungleichen Verteilung von Vermögen entgegen. Noch größer wäre der Effekt auf Wirtschaftsleistung und ungleiche Vermögensverteilung, wenn die Einnahmen aus Boden- und Erbschaftssteuern für Transfers an junge Generationen verwendet würden. So verringerte eine intelligente Besteuerung von Erbschaften und Land auch die Ungleichheit zwischen den Generationen.

Lessmann und seine Kollegen wollten dann noch den sogenannten *sweet spot* finden, also jenen Moment, in dem die Höhe der Boden- und Erbschaftssteuern für eine Umverteilung sorgt, sich aber nicht negativ auf das Bruttosozialprodukt auswirkt.

Ein komplettes Konzept – für das sich allerdings kein Politiker interessierte. Immerhin hätten internationale Forscherkollegen die Ergebnisse mit großem Interesse nachvollzogen. Und auch Lessmann ist vor allem überzeugt, dass der Boden beim Kampf gegen den Klimawandel eine wichtige Rolle spielen wird. So benötigen Wind- und Sonnenenergie große Flächen, auf jeden Fall mehr als zum Beispiel ein Atomkraftwerk mit vergleichbarer Leistung. Diesen Bedarf an Boden mit alternativen Nutzungen wie Landwirtschaft und Naturschutz in Einklang zu bringen, ist eine Herausforderung, die nach kreativen Lösungen verlangt.

# Wer hat's gesagt? Henry George und die Idee, nur den Boden zu besteuern und alle anderen Steuern zu erlassen

Wir sind bei Weitem nicht die Ersten, die sich mit dem Thema Boden und seiner Besteuerung herumschlagen – dass darin ein Problem steckt, hat schon David Ricardo in der ersten Hälfte des 19. Jahrhunderts festgestellt. Der britische Ökonom hatte es in der ersten Hälfte des 19. Jahrhunderts mit Börsengeschäften zu beträchtlichem Wohlstand gebracht und konnte sich somit ganz der Wissenschaft hingeben. Einer seiner interessiertesten Leser war im Übrigen Karl Marx. Ricardo stellte seinerzeit die These auf, dass die Verpächter von Land vom Bevölkerungswachstum und der damit verbundenen Steigerung der landwirtschaftlichen Produktion am meisten profitieren würden. Sie würden einen immer größeren Anteil der landwirtschaftlichen Überschüsse auf Kosten der Pächter an sich ziehen. Boden übertrumpft also die anderen beiden Produktionsfaktoren Arbeit und Kapital in der Vermögensbildung.

Dirk Löhr hat sich diese Hypothese zusammen mit dem Physiker Norbert Olah sowie dem Volkswirt Professor Thomas Huth für einen Artikel in der Zeitschrift «Wirtschaftsdienst» einmal genauer angeschaut. Die Frage war, ob Ricardos These tatsächlich Realität geworden ist und sich auch auf bebautes Land in der Gegenwart übertragen lässt.

Die Wissenschaftler analysierten in einer durchaus komplexen Rechnung die Nettokapital- und Nettobodenerträge der Jahre 1991 bis 2018. In diesem Zeitraum ließ sich Ricardos Prognose in der Tat nachweisen: Die Bodeneigentümer hatten am meisten profitiert und die größten Vermögen akkumuliert.

Der wichtigste Grund: eine gestiegene Nachfrage, die auf ein limitiertes Angebot trifft. Deshalb überrundet der dritte Produktionsfaktor Boden in der Wertentwicklung die anderen beiden Produktionsfaktoren Kapital und Arbeit, vor allem durch die eingangs erwähnten leistungslosen Bodenrenten. Das liegt auf der Hand – und birgt reichlich politischen Sprengstoff.

Für Löhr ist die viel diskutierte Mietenexplosion demnach maßgeblich eine Explosion der Bodenerträge, entsprechend müsste die Politik ihre Maßnahmen nicht auf den Wohnungsmarkt, sondern auf den vorgelagerten Bodenmarkt richten. Ebenso lässt sich mit diesem Befund infrage stellen, ob sich eine Vermögenssteuer als Verteilungsinstrument eignet: Sie würde vor allem das Kapital belasten, das sich aber längst auf dem absteigenden Ast befindet. Statt wie bisher Arbeit, Kapital und Verbrauch zu belasten, böte sich eine Verlagerung der Abgabenlast auf den Boden an. Und damit sind wir beim Henry-George-Theorem angelangt.

Männer wie Henry George sind selten, leider. Behauptete jedenfalls Albert Einstein, der dessen Werke dringend zur Lektüre empfahl. Wie David Ricardo lebte Henry George im 19. Jahrhundert, nur auf der anderen Seite des Atlantiks. Als eines von zehn Kindern wuchs er in Philadelphia, USA, auf. Im Alter von 14 Jahren heuerte er als Matrose auf Schiffen Richtung Australien und Indien an – mit 19 Jahren zurück in den USA, arbeitete er als Buchdrucker und Goldgräber. In San Francisco begann er eine Karriere als Journalist und gab bald verschiedene Zeitungen heraus, unter anderem die *San Francisco Times*.

Bei einem Besuch in New York City fiel Henry George auf, dass in der Stadt die Situation der Armen sehr viel schlechter war als in Kalifornien. Das wunderte ihn, weil die Wirtschaft in New York eigentlich viel besser florierte. Er erklärte die große Armut in New York mit herrschenden Monopolen – und der ungleichen Landverteilung. Ein Großteil der Böden gehörte damals nur einigen wenigen Großgrundbesitzern.

Seine Überlegungen dazu formulierte er 1879 in seinem Buch *Progress and Poverty*, das sich mehr als drei Millionen Mal verkaufte. 1880 siedelte er von San Francisco nach New York City über und trat 1886 bei der Wahl zum neuen Bürgermeister an. Mit 31 Prozent der Stimmen überflügelte er einen gewissen Theodore Roosevelt, der bekanntlich noch von sich reden machen würde. Allerdings erhielt der Kandidat Abram Hewitt noch mehr Stimmen, sodass sich Henry George wieder dem Journalismus widmete und die Wochenzeitung *The Standard* in New York herausgab.

Über viele Jahre arbeitete er weiter an seiner These, dass Bodenrenten für Ungleichheit sorgen, weil sie Armut auf der einen und großen Reichtum auf der anderen Seite erzeugten. Henry George sprach sich daher dafür aus, Steuern einzig und allein auf Bodenwerte zu erheben. Seinen

Berechnungen zufolge könnte der Staat allein aus einer solchen Grundsteuer ausreichend Mittel für die Finanzierung aller öffentlichen Ausgaben einnehmen – das ist kurz zusammengefasst das Henry-George-Theorem.

Es blieb weitgehend unbekannt, obwohl es viele Ökonomen heute als gute und vielversprechende Idee betrachten. Auch Dirk Löhr hält das Henry-George-Theorem für absolut plausibel – dessen Konsequenzen allerdings auch für politisch nicht durchsetzbar. Das hat ihm die jüngste Reform der Grundsteuer in Deutschland eindrucksvoll gezeigt. Für Löhr war dies eine richtig gute Gelegenheit, den Boden einer angemessenen Besteuerung zuzuführen und Henry George's Idee einer Bodenwertsteuer ein wenig näher zu kommen.

Machen wir uns den Spaß und stellen uns – rein theoretisch – einmal vor, Henry George's Idee einer Bodenwertsteuer als einziger Steuer würde tatsächlich Realität. Eingeführt von der FDP vielleicht, ganz im Sinne des ultraliberalen Nobelpreisträgers Milton Friedman, der sie als die «am wenigsten schlechte Steuer» bezeichnete. Bekanntlich hielt er alle Steuern für schlecht.

Plötzlich fallen alle anderen Steuern weg, keine Umsatz-, keine Einkommensteuer mehr, ersetzt allein durch die Bodenwertsteuer. So sollte genügend Druck entstehen, um den Boden zu nutzen, und, wie Dirk Löhr sagt, um die leistungslosen Bodenrenten nicht den privaten Eigentümern zu überlassen, sondern der öffentlichen Hand, die sie mit ihren Investitionen in Infrastrukturen zum größten Teil auch erzeugt. Normalgewinne würden Bodenbesitzer bei baulicher Nutzung des Bodens immer noch machen, dieser Investitionsanreiz bliebe bestehen – abgeschöpft würden allein die Übergewinne.

Grundbesitzer, die bei einer ausreichend hohen Bodenwertsteuer nicht investieren und Einnahmen erzielen, hätten durch diese Besteuerung Kosten ohne Erträge. Das Spekulieren, also der Kauf von Grundstücken und das Abwarten leistungsloser Wertsteigerungen, würde damit unattraktiv.

Die Abschöpfung sogenannter ökonomischer Renten wie der Bodenrente wäre für Löhr die unschädlichste aller Besteuerungsarten. Eine Bodenwertsteuer wäre – zumindest langfristig – zudem eine der am schlechtesten zu überwälzenden Steuern: Besteuert man ein Gebäude, kann der Eigentümer ausweichen. Er renoviert nicht mehr oder unterlässt die Erweiterung – und wenn das jeder so macht, wird Wohnraum knapp. Wovon der Eigentümer sogar noch profitiert, kann er doch die Miete erhöhen und damit die Steuer überwälzen.

Beim Boden ist das anders: Bodeneigentümer können nicht ausweichen. Die Bodenwertsteuer funktioniert damit eher wie eine Abgabe, die nicht aktiv lenkt, aber die Kollateralschäden der herkömmlichen Besteuerung vermeidet. Solche Fehlsteuerung sieht Löhr gegenwärtig zum Beispiel bei Wohngebäuden durch die Grundsteuer, die Grunderwerbsteuer, aber auch durch die Einkommen-, Körperschaft- und Gewerbesteuer sowie durch die Umsatzsteuer, die nicht als Vorsteuer bei der Schaffung von Wohnraum abgezogen werden kann. «Der gesamte Kanon der her-

Um auf die Steuereinnahmen von 915 Milliarden Euro zu kommen, die 2023 in der Bundesrepublik geflossen sind, müssten jährlich circa 15 Prozent Bodenwertsteuer erhoben werden.

kömmlichen Steuern ist schädlich», sagt Löhr, weil dadurch Wohnraum verteuert wird und Investitionen nicht gefördert werden.

Für Löhr ist das Hauptproblem, dass man in den Boden investieren kann, aber nicht muss – man kann sein Grundstück im Sinne des Wortes erst einmal liegen lassen, muss nichts machen und kann dennoch von einem Wertzuwachs ausgehen. Dass das so bleibt, dafür hat die Politik bislang Sorge getragen. CDU und FDP schützen ihre Klientel, die Linke kann der Bodenwertsteuer nichts abgewinnen, weil sie die Vermögen generell besteuern will (und damit auch den Wohnraum). Am ehesten zeigen sich bislang die Grünen einer Bodenwertsteuer gegenüber aufgeschlossen.

Schließlich wäre sie ein Werkzeug wie geschaffen für Umverteilung. Der größte Teil der Bodenwerte liegt in der Hand der reichsten 10 Prozent der Bevölkerung. Vor allem in Großstädten ist der Anteil der Bodenwerte an Immobilien sehr hoch, er kann zuweilen 50 bis 60 Prozent betragen, und diese Werte befinden sich in den Händen weniger Personen, die sie nicht selbst verdient oder geschaffen haben.

Man schätzt, dass wir in Deutschland von fünf bis sechs Billionen Euro an Bodenwerten sprechen. Um auf die Steuereinnahmen von 915 Milliarden Euro zu kommen, die 2023 in der Bundesrepublik geflossen sind, müssten jährlich circa 15 Prozent Bodenwertsteuer erhoben werden. Ist das realistisch? Und falls ja, was würde sich dann verändern?

# Verdaddelt – warum die Reform der Grundsteuer eine echte Chance war (und wie wir diese so richtig verpasst haben)

Die bisherige Grundsteuer in Deutschland widerspricht sich selbst. Zum einen wird sie erhoben, damit Bodeneigentümer nicht nur leistungslose Bodenrenten einfahren. Gleichzeitig ist die Steuer so aufgebaut, dass Boden und Immobilie immer zusammen als Bemessungsgrundlage gelten. Das gebaute Haus erhöht die steuerliche Belastung durch die Grundsteuer und bremst die Bautätigkeit. Die Kommunen suchen derweil nach jungfräulichem Bauland in der Peripherie, um dort neuen Wohnraum oder Gewerbegebiete zu erschaffen. Die ökologisch wie ökonomisch sinnvolle Verdichtung von urbanen Flächen ist steuerlich für sie weniger attraktiv. Das alles sollte nun mit der Reform besser werden – für Ökonomen wie Löhr ist das nicht gelungen.

Um das zu verstehen, lohnt sich ein Blick zurück. Schon die Ägypter setzten eine Grundsteuer ein, auch die Römer, die Franzosen haben sie als eine der ersten Nationen nach der französischen Revolution reformiert, in Preußen nahm man sich das 1861 ebenfalls vor und erkannte erst dann, dass man dafür einen Großteil seines Territoriums neu vermessen musste.

Die Bundesrepublik führte die Steuer 1949 ein, die DDR

im Jahr 1953. Im Jahr 2025 soll wieder eine Reform umgesetzt werden – die bisherige Ausgestaltung gilt allerdings als verfassungswidrig. Unter anderem stört, dass der Wert eines Grundstücks, der einer Besteuerung zugrunde liegt, derzeit anhand von Vergleichswerten aus dem Jahre 1964 (alte Bundesländer) oder sogar 1935 ermittelt wird.

Mehr als 15 Milliarden Euro kommen jährlich durch die Grundsteuer in die Kassen der Kommunen. Die Berechnung ist ziemlich komplex: Ein Grundsteuerwert soll den ursprünglichen Wert des Bodens und des Gebäudes abbilden, ermittelt anhand von Faktoren wie Bodenrichtwert, Nettokaltmieten, Grundstücksfläche und Alter des Gebäudes. Die Wertsteigerung wird anhand einer Steuermesszahl ermittelt, die sich nach verschiedenen Kriterien richtet und zum Beispiel für sozialen Wohnraum niedriger ausfällt. Dazu erhebt die jeweilige Kommune einen Hebesatz, mit dem sich die Grundsteuer ebenfalls beeinflussen lässt. Grundsätzlich können attraktive Großstädte höhere Grundsteuern durchsetzen als abgelegene Gemeinden.

Der Bodenrichtwert beruht dabei auf dem sogenannten Reichsspitzenbetrieb. Nach dem fahndeten Mitte der 1920er-Jahre die deutschen Finanzbehörden. Dafür sollte der beste Acker Deutschlands den Bodenrichtwert 100 bekommen, die Besteuerung aller anderen Böden sollte sich künftig auf einer Skala von 7 bis 100 bewegen. 1926 zogen die Finanzbeamten auf einer Karte um einen Hof in Eickendorf nahe Magdeburg einen Kreis mit einem Radius von einem Kilometer, der Hof gehörte der Witwe Elisabeth Else Mathilde Haberhauffe, deren Mann 1916 auf der Straße einfach tot umgefallen war. Zehn Jahre später galt ihr Bauernhof in Sachsen-Anhalt als Reichsspitzenbetrieb der Weimarer Republik, ging 1936 in das erste Gesetz zur Bodenschätzung ein und steht dort bis heute: beste Schwarzerde, 40 Zentimeter Humusschicht – ein Musterbeispiel an Fruchtbarkeit und Produktivität.

Die Witwe hielt sich auf dem Musterbetrieb damals gerade eben so über Wasser. Die Marktpreise für Lebensmittel waren schlecht in den Zwanzigerjahren; außerdem wurde vom Hof der alleinstehenden Frau mehr weggetragen als geerntet. Landwirtschaft ist anstrengende Arbeit, Arbeiter verdienten zwischen 40 Pfennig und 1,40 Mark in der Stunde. Angebaut wurden Getreide, Rüben, Zwiebeln und Gurken. Letztere wurden an die Firma Kühne verkauft, die sie im großen Stil zu Essiggurken verarbeitete. Im Stall standen Pferde und Rinder, deren Futter auf den eigenen Flächen angebaut wurde. Im Austausch landete der Mist aus dem Stall auf den Feldern.

In den Dreißigerjahren stiegen die Preise für Lebensmittel. 1938 starb die Witwe Haberhauffe. Der Hof ging an die Tochter und deren Mann Willy Jäger. Das Ehepaar konnte gut von der Landwirtschaft leben. Noch immer gab es keinen Traktor. Pro Morgen Land rechnete man drei Pferde für die Arbeit. Auch die übliche Arbeitsteilung existierte noch: Die Männer arbeiteten auf dem Feld, die Frauen im Stall. Die Getreideerträge lagen bei weniger als der Hälfte von heute. Willy Jäger stellte deshalb auf Gemüseanbau um. Das verlangte nach mehr Stallmist zum Düngen, als das Vieh des Hofes liefern konnte. Eines Tages verschwand er zur Trabrennbahn nach Berlin. Er blieb dort fünf Tage. Wenige Tage nach seiner Rückkehr kam der Bahnhofsvorsteher von Eickendorf auf den Hof und sagte: «Ihre vier Waggons mit Pferdemist sind eingetroffen.» Die Familie fuhr einen Tag lang mit dem Pferdewagen Mist aus Berlin auf den Hof. Die Ernten waren üppig. Ebenfalls mit dem Pferdewagen brachte man sie zum Zwischenhändler im Nachbarort. Alles war gut – und dann war auf einmal Krieg.

Willy Jäger ist von Beruf Bodenschätzer, die Witwe Haberhauffe seine Großmutter, der Bauer Willy Jäger sein Vater. Er hat auf dem Spitzenboden-Hof ein kleines Museum eingerichtet. Sein Vater Willy starb 1947 in einem sowjetischen Lager. Seine Mutter bewirtschaftete den Hof allein, wieder wurde mehr weggetragen als geerntet. Die SED-Führung erteilte Bauern nach Gründung der DDR eine Ablieferungspflicht. Wurde die wegen schlechter Ernten nicht eingehalten, drohte Zuchthaus. 1952 war so ein Jahr, sehr heiß, sehr trocken, dazu eine Blattlaus-Epidemie, für Vieh und Aussaat blieb von der Ernte nichts übrig, die Banken gaben keinen Kredit: 1953, drei Monate vor dem Aufstand des 17. Juni, ergaben sich die Jägers dem Staat. Der Spitzenbetrieb wurde Teil einer Landwirtschaftlichen Produktionsgenossenschaft, die Jägers behielten – gegen ein Entgelt – das Nutzungsrecht für das Wohnhaus.

Heute sind die Viehbestände in der ganzen Region aufgelöst. Stattdessen bauen die Landwirte für die Herstellung von Pommes frites besonders dicke Kartoffeln an, außerdem Getreide und Mais für die Biosprit-Produktion. Große

Maschinen übernehmen die Arbeit. Ein Mähdrescher kann heute in einer Stunde so viel Getreide ernten, wie eine Stadt mit 350 000 Einwohnern am Tag verbraucht. Bauern braucht es fast keine mehr. Doch der Boden um Eickendorf ist nach wie vor überdurchschnittlich gut, die Region, sagt Willy Jäger, «galt wegen des guten Bodens immer als reich». Dennoch findet man keine großen Häuser, der Boden war den Bauern immer zu schade, um dicke Paläste darauf zu bauen. Heute zieht sich eine breite Autobahn darüber und viele Gewerbegebiete – ein Großteil davon steht leer.

Diese Geschichte zeigt eindrucksvoll, was mit der Zeit alles auf einem Boden geschehen kann – und nicht wenige fragen sich heute, ob Bodenrichtwerte, die aus einer Zeit stammen, als Filme im Fernsehen noch in Schwarz-Weiß liefen, tatsächlich Grundlage für eine richtige und gerechte Besteuerung in einer Zeit sein können, in der wir von künstlicher Intelligenz generierte Filme auf dem Smartphone anschauen.

Daran zweifelt zum Beispiel Professor Gregor Kirchhof. Der Dekan der Juristischen Fakultät an der Universität Augsburg unterrichtet Öffentliches Recht, Finanz- und Steuerrecht. Im Auftrag des Bundes der Steuerzahler in Baden-Württemberg e.V. analysierte er zuletzt den Gesetzesentwurf des Bundeslandes zur Reform der Grundsteuer. Als einziges Bundesland hatte die Regierung in Baden-Württemberg einen Sonderweg eingeschlagen: die Bodenwertsteuer. Getreu dem Henry-George-Theorem wird die Grundsteuer nur auf den Bodenwert, nicht auf den Wert der Gebäude erhoben. Der Bodenwert errechnet sich ab

2025 dann zunächst aus der Multiplikation von Grundstücksfläche und Bodenrichtwert, das Ergebnis führt zum sogenannten Grundsteuerwert. Dieser wird mit der Steuermesszahl multipliziert, das ergibt den Steuermessbetrag – auf den dann in einem dritten Rechenschritt der jeweilige Hebesatz der Kommunen angewendet wird. Die Bebauung des Grundstücks spielt bei dieser Berechnung keine Rolle.

Das Finanzministerium nennt dieses Konstrukt «modifiziertes Bodenwertmodell». Der Steuerrechtler Kirchhof bezeichnet es als ungerecht und listet in seiner fünfzigseitigen Analyse gleich mehrere Kritikpunkte auf. Einer ist der sogenannte Belastungsgrund, den es für jede Steuer geben muss. Das ist die Tatsache, dass die Gemeinden mit der Grundsteuer auch Infrastrukturmaßnahmen abrechnen, von denen die Grundstücksbesitzer ebenfalls profitieren. Für Kirchhof zählt dazu aber vor allem das Gebäude. Wie sehr die Bebauung von einer Straße oder anderer Infrastruktur profitiere, hänge doch maßgeblich davon ab, ob es sich um ein Gewerbegebiet oder ein Einfamilienhaus handle.

Ebenso stört sich Kirchhof an den Bodenrichtwerten, die er für zu ungenau hält, sowie an den zwei unterschiedlichen Zielen, die mit der Grundsteuer verfolgt würden. Sie dient der Finanzierung von Gemeindeaufgaben, soll aber auch dafür sorgen, den Boden «Ressourcen schonend und effizient zu nutzen», wie es im Gesetzestext heißt. Das aber können Eigentümer, die den Boden vielleicht nur zu Wohnzwecken nutzen, gar nicht erfüllen, selbst wenn sie wollten – ein zweites Mal bauen geht ja nicht.

Als wichtigstes Gegenargument führt Kirchhof den Freiheits-, Gerechtigkeits- und Gleichheitsansatz an. So würde jeder Eigentümer unabhängig von seinem Vermögen belastet, und das könne zum sozialen Dilemma führen: Menschen ohne eigenes Kapital müssten Kredite aufnehmen, um den Boden schnellst- und bestmöglich zu nutzen – wohlhabende Menschen könnten sich über die Steuer einfach «freikaufen».

Kirchhof erwartet durch das modifizierte Bodenwertmodell genau das, was es eigentlich vermeiden soll: einen Anstieg der Kosten für das Wohnen und eine fortschreitende Konzentration von Boden in den Händen wohlhabender Menschen, da nur diese sich die Besteuerung beziehungsweise das Nutzen noch leisten könnten.

Aber wie der Besitz von Boden tatsächlich am besten zu besteuern wäre, ist in Deutschland derzeit umstritten. Es gibt mehrere Ideen, oder besser gesagt: Modelle. Eines davon, das Flächenmodell, wird vor allem von Bayern und Hamburg präferiert. Und das Flächenmodell ist so bestechend einfach, dass es fast schon ungehörig wirkt: Wie der Name schon sagt, wird einfach die Fläche besteuert. Und zwar ganz unabhängig davon, ob es sich nun um Lokstedt (arm) oder Blankenese (reich) handelt.

Dass das den Eigentümern in Bayern und Hamburg, also jenen Bundesländern mit den teuersten Grundstücken in Deutschland, sehr zupass käme, mag niemanden verwundern. Denn wenn nach tatsächlichen Bodenwerten besteuert würde, stiegen die Belastungen schnell deutlich an –, entsprechend ablehnend sprachen sich auch der Ei-

Grundstücke werden bislang auf der Basis von Bodenrichtwerten der Jahre 1964 und 1935 bewertet.

gentümerverband Haus und Grund sowie der Zentrale Immobilienausschuss aus. Die Lobbygruppen ließen auch das ifo-Institut eine Studie erarbeiten, die ebenfalls zu einem positiven Befund für das Flächenmodell kam. Vor allem wird gelobt, dass das Modell so einfach sei und man nicht regelmäßig neue Bewertungen vornehmen muss. Immerhin gibt es derzeit in Deutschland mehr als 35 Millionen Grundstücke – will man deren Wert regelmäßig aktuell bestimmen, stellt sich vor allem eine Frage: Wer soll das machen?

In der Vergangenheit jedenfalls hat das schon mal nicht geklappt. Grundstücke werden – wie bereits erwähnt – bislang auf der Basis von Bodenrichtwerten der Jahre 1964 und 1935 bewertet. Eigentlich war geplant, diese Bewertungen alle sechs Jahre zu aktualisieren – nur hat das tatsächlich nie stattgefunden.

Niemand wird sich freilich wundern, dass einige das Flächenmodell als ungerecht betrachten, immerhin zahlt der Villenbesitzer in bester Lage auf gleicher Fläche genauso viel Steuern wie der Bungalow-Besitzer irgendwo am Stadtrand. Hessen und Niedersachsen hatten deshalb schon lange vor der Grundsteuerreform eine andere Idee in den Bundesrat eingebracht: Unbebaute Grundstücke sollten nach dem Bodenrichtwert bemessen werden, orientiert an Verkaufspreisen, und bei bebauten Grundstücken würde zudem der Wert des Gebäudes berücksichtigt. Mit Ausnahme Hamburgs und Bayerns waren alle Bundesländer für diesen Vorschlag – trotzdem wurde er im Bundestag nie verhandelt.

Der Städtetag wiederum hat das Kostenwertmodell in die Runde geworfen: Darin ist der Bodenwert eine Berechnungsgrundlage, dazu kommt ein sehr einfacher Gebäudewert nach Größe und Bau-Alter – und diesen Wert schriebe man dann in der Zukunft fort, damit auch Wertsteigerungen besteuert werden können. Bei diesem Modell kämen ebenfalls Bewertungsaufwände hinzu, die allerdings in Zeiten von KI und Digitalisierung künftig machbar erscheinen müssten.

Dass eine höhere Besteuerung zumindest die beabsichtigte Lenkungswirkung erzeugen kann, dafür gibt es mittlerweile recht evidente Beweise. In den USA zeigt sich zum Beispiel, dass in Gemeinden, die die Steuern auf Boden erhöhten und gleichzeitig die Besteuerung von Gebäuden verringerten, die Verstädterung und Zersiedlung zurückgegangen ist. Aktuell beträgt die Grundsteuer am Gesamtsteueraufkommen übrigens mehr als 12 Prozent – in Deutschland sind es zwei Prozent.

Die neue Grundsteuer soll diese Lenkungswirkung durch die sogenannte Grundsteuer C erreichen. Diese gilt für unbebautes Bauland und ist besonders hoch – als Anreiz, diese Flächen zu bebauen. Eine Idee, die allerdings nicht ganz neu ist: In den 1960er-Jahren versuchte sich eine Regierung schon mal an diesem Instrument, um es nach nur wenigen Jahren wieder abzuschaffen. Das Gesetz zeigte nicht die versprochene Wirkung, das Angebot an Baugrundstücken erhöhte sich nicht – dafür aber die Klagen gegen diese Regelung.

# Mehr Flächen für die öffentliche Hand – kann kommunales Bodeneigentum eine Lösung sein?

Und wie geht es nun weiter? Wenn Henry George politisch nicht funktioniert, was geht dann stattdessen? Dirk Löhr hat noch eine andere Idee, es wäre ein Kompromiss: kommunales Bodeneigentum. Eine Ressource, die uns Nahrung schenkt, unser Wasser reinigt, die Luft und Klimagase speichert, und die im besten Sinne des Wortes Gestaltungsraum bietet für Wohnen, Arbeit, Mobilität, Freizeit und erneuerbare Energien – die sollte allen gehören. Doch gerade der Boden wurde in den 1990er-Jahren flott verkauft, erst langsam sammeln die ersten Kommunen den einstigen Besitz wieder zusammen.

In Hamburg zum Beispiel wurde eine neue soziale Bodenpolitik in die Verfassung aufgenommen, deren wichtiger Bestandteil eine positive Flächenbilanz ist. Demnach soll der Flächenbestand am Jahresende stets größer sein als am Jahresanfang. In Ulm läuft seit mehr als 130 Jahren ein Projekt, das die Stadt zum Bodensammler macht. Vor allem in der Peripherie erwirbt die Stadt Land, um es dann gezielt Bürgern zur Nutzung zu überlassen. Verkauft wird nur noch unter Auflagen. Ins Leben gerufen wurde diese Bodenvorratspolitik durch Unternehmer, die bezahlbaren Wohnraum für ihre Arbeiter suchten.

Auch die Stadt Münster folgt dem Ulmer Modell und

erwirbt eifrig Flächen, hier sind es vor allem Ackerflächen in der näheren Umgebung, aufgegebene Landwirtschaftsbetriebe, die verkauft oder im Erbbaurecht weitervergeben werden. Dabei werden Konzeptvergaben genutzt, die Fläche wird also nicht nur nach Preis, sondern nach Qualität der Bauvorhaben vergeben. In der Schweiz hat die Stadt Basel entschieden, keine Flächen mehr zu verkaufen, dort wird nur noch das Erbbaurecht angewendet.

In allen Beispielen geht es letztlich um Gestaltungsraum für die Zukunft. Immerhin haben die Kommunen viel vor: Sie müssen die Stadt dem Klimawandel anpassen, dafür Schatten spendende Grünflächen und Frischluftschneisen schaffen, Überflutungsgebiete ausweisen, sozialen Wohnungsbau vorantreiben, erneuerbare Energien fördern, die biologische Landwirtschaft ausbauen – wer all dem den Boden bereiten will, sollte auch welchen haben. Die Marktwirtschaft allein kann es nicht richten, eine auf maximale Bodenwerte ausgerichtete Politik und Wirtschaft auch nicht.

Für Dirk Löhr ist eine Erhöhung des kommunalen Bodeneigentums der beste Hebel, um unsere heutigen Probleme anzugehen. Instrumente wie die Mietpreisbremse haben nicht funktioniert, vielversprechender wäre es, könnten die Kommunen Flächen im Erbbaurecht mit konkreten Vorgaben vergeben: bestimmte Quoten für bezahlbaren Wohnraum zum Beispiel, die Bewirtschaftung mit ökologischen Anbaumethoden. Im Gegenzug gäbe es außerordentlich gute Konditionen, zu denen der Boden zur Nutzung vergeben wird.

Eine Erkenntnis, die langsam um sich greift. Selbst der Bund hat entschieden, die noch verbliebenen Agrarflächen in den neuen Bundesländern nicht mehr höchstbietend zu verkaufen, sondern zu verpachten. Genauso geht das Land Mecklenburg-Vorpommern mit seinen mehr als 80 000 Hektar Land um, die man noch im Landesbesitz hat.

Schon die 2018 eingesetzte Baulandkommission schlug der öffentlichen Hand vor, verstärkt Flächen aufzukaufen, und brachte dafür zum Beispiel sogenannte Landesbodenfonds ins Gespräch. Die würden den klammen Kommunen dafür Mittel bereitstellen – eine Idee, zu der man sich beim Nachbarn Österreich schon praktische Erfahrungswerte einholen könnte: Dort wurde vor 30 Jahren der Tiroler Bodenfonds ins Leben gerufen. Darüber können Gemeinden mit Vorgaben belegte Grundstücke erwerben, laut Rechenschaftsbericht wurden im Jahr 2022 mit diesem Instrument mehr als 165 000 Quadratmeter Land erworben, für den Wohnungsbau, für Gewerbegebiete und zu Tauschzwecken.

Auch andere Länder fahren mit der Trennung von Gebäuden und Boden gut. In Israel sind mehr als 90 Prozent aller Flächen im Erbbaurecht vergeben. Oder Singapur, ein hochkapitalistischer Stadtstaat, der zu den teuersten Orten der Welt zählt – und dennoch ist das Wohnen bezahlbar und von einer hohen Eigentumsrate gekennzeichnet. Das gelingt, weil auch hier Boden und Immobilien getrennt behandelt werden, 90 Prozent des Bodens gehören dem Staat. Auch in den Niederlanden und Skandinavien spielen öffentliches Bodeneigentum und Erbbaurecht eine größere Rolle – eigentlich in allen Ländern, in die Napoleon nicht seinen Fuß setzte. Er war es, der eine Rechtsordnung in Kraft setzte, in der Boden und Gebäude als Einheit betrachtet werden.

Und dass in China sämtlicher Boden dem Staat gehört, inklusive Hongkong, verwundert sicher kaum jemanden.

Die Vergabe von Erbbaurechten verschafft im Gegensatz zum Verkauf auch Resilienz gegenüber Planungsfehlern. Wenn das auf der grünen Wiese geplante Einkaufszentrum der Innenstadt die Kaufkraft abgräbt, dann kann man sich bei verkauften Flächen nur ärgern. Im Erbbaurecht lassen sich diese Entscheidungen in bestimmten Zeiträumen wieder revidieren.

2.

# Ausflug –

## *gestatten, Boden! Ein Porträt*

Es ist an der Zeit, den Boden einmal richtig vorzustellen. Man bekommt sonst einen falschen Eindruck. Er ist schließlich weitaus mehr als nur ein Eigentum, eine Ressource, ein Acker, eine Baufläche oder eine Besteuerungsgrundlage – einige Wissenschaftler meinen, er sei etwas ganz anderes, etwas sehr Besonderes: der größte Organismus dieses Planeten.

Ob das tatsächlich so ist, müssen wir in diesem Buch nicht verbindlich klären. Aber zumindest etwas besser kennen sollten wir ihn, damit man weiß, mit wem man es zu tun hat. Wer das verstanden hat, geht vielleicht auch besser mit ihm um. Gerade tun wir das nämlich häufig nicht. Der Mensch ist ein Oberflächentier. Pflanzen sind für ihn grün. Den Boden darunter kennt er als Unterlage, seltener als die Grundlage seiner Existenz. Doch die Mächte sind anders verteilt, als es von oben den Anschein hat. In diesem Sinne, gestatten: der Boden.

Wer einen Blumentopf in Reichweite hat, nimmt vielleicht einfach mal ein paar Krümel Erde in die Hand. Sie können es nicht sehen, aber Sie halten mehr Lebewesen in der Hand, als dieser Planet je Menschen trug. Millionen von Wimperntierchen, Wurzelfüßern, Geißeltierchen und Algen, Milliarden Pilze, Billionen Actinomyceten und Bakterien.

Aneinandergereiht könnte man allein mit diesen Bakterien einige Male den Erdball umschlingen. Der überwiegende Teil dieser Meute ist der Wissenschaft noch unbekannt. Und es kann auch niemand genau erklären, was das nun ist, der Boden, die Erde oder wie auch immer man es nennen mag. Ganz gleich, ob es aus einem Blumentopf krümelt oder in Form verschiedenster Bodentypen auf diesem Planeten ausgelegt ist.

Der Boden ist eines der letzten Mysterien dieses Planeten. Ein weltumspannender Organismus, der tote Materie in Leben verwandelt und Leben wieder zu totem Gestein werden lässt. Alles auf dieser Welt wird einmal zu Boden: Weltreiche, Gebirgszüge, Wolkenkratzer, auch wir Menschen – der Boden unter unseren Füßen ist verdaute Zeit.

Die Wissenschaft versucht seit einigen Jahrzehnten, etwas Licht in diese Welt der Finsternis zu bringen. Die Erkenntnisse sind bislang jedoch dürftig; die Naturgesetze von oben ergeben in der Unterwelt vielfach keinen Sinn. Der Boden ist der größte Lebensraum dieses Planeten, er beherbergt mehr als die Hälfte aller auf der Welt lebenden Organismen – von denen tragen jedoch die meisten nicht einmal einen Namen. Wir wissen mehr über die Bewegung der Himmelsgestirne als über den Boden unter unseren Füßen, sagte einst Leonardo da Vinci.

Es gibt keine chemische Formel für den Boden, wir wissen nicht genau, wie er entstanden ist, wie er funktioniert und wer alles in ihm lebt. Sicher ist nur, es sind viele. Und sie sind die eigentliche Machtzentrale dieses Planeten.

Was oben wächst, wird unten entschieden. Die Wetterlage, die wir vermeintlich in den Wolken lesen, ist vor allem eine Bodenangelegenheit. Der Zustand der Luft, des Wassers und die Veränderungen des Klimas sind Leistungen des Bodens. Die Menge der Treibhausgase, die in den Böden schlummern, lässt die von uns Menschen verursachten Emissionen wie Randnotizen erscheinen. Würde der Boden zu atmen beginnen, wäre Klimapolitik allenfalls ein nett gemeinter Versuch.

«Du bist Erde und sollst zu Erde werden», heißt es im 1. Buch Mose. Aus wissenschaftlicher Sicht ist dies überaus präzise formuliert. Diese Erdwerdung ist für einen ausgewachsenen Menschenkörper üblicherweise innerhalb von dreißig Jahren abgeschlossen, bei einem Hasen in fünf – selbst ein Felsbrocken vergeht, allerdings in einem Zeitraum vieler Jahrtausende.

Hinter jedem dieser Prozesse steht eine hocheffiziente Verwertungsmaschine, die für das Leben auf diesem Planeten mindestens so bedeutsam ist wie das Vorhandensein von Wasser. Der Lebensraum beherbergt die bizarrsten und vielgestaltigsten Wesen dieses Planeten – die sich letztlich alle zwei Gruppen zuordnen lassen: Verwertern und Zersetzern.

Damit gehört der Boden zu jenen Ökosystemen, die entgegen der klassischen Definition nicht wie üblich von drei Mannschaften bespielt werden. Es fehlt das Team der Primärproduzenten. Jene also, die das Essen auf die Teller bringen.

Der Boden ist so etwas wie der Teppich, unter den Mutter Natur alles kehrt, was möglichst unauffällig verschwinden soll.

Man spricht von sogenannten Autotrophen, dazu zählt zum Beispiel die Photosyntheseabteilung oben auf der Erde. Die Pflanzen produzieren jene Biomasse, dank derer Konsumenten wie wir Menschen überhaupt etwas auf ihren Tellern finden.

So gesehen fehlt dem Ökosystem Boden die Grundlage für jedes Leben. Dass sich das Leben dort unten dennoch geradezu im Überschwang entwickelte, ist den Abfällen aus dem terrestrischen Ökosystem zu verdanken. Die Unterwelt lebt sprichwörtlich von dem, was oben abfällt. Und das ist eine Menge. Gäbe es die Wesen im Boden nicht, dann würden wir in unserer Welt auch von der fünfzigsten Etage eines Wolkenkratzers aus längst nur auf Lebensreste blicken, die sich vor unseren getönten Fensterfronten Hunderte Meter in die Höhe türmten. Das akkumulierte Herbstlaub der vergangenen Jahrmillionen wäre vielleicht noch ganz hübsch, ebenso umgekippte Bäume – aber Kot, tote Tiere, tote Menschen?

Der Boden ist so etwas wie der Teppich, unter den Mutter Natur alles kehrt, was möglichst unauffällig verschwinden soll. Leichen, Abfall, Reste eben. Und der Boden macht daraus: Humus. Kennt jeder, hat jeder schon mal gehört. Humus ist gut und wichtig – aber was ist das noch gleich? Humus ist zunächst das, was wir alle einmal werden. Obwohl, so sicher ist das gar nicht mehr.

Für jeden noch so kleinen Samen beginnt die Geschichte des Lebens in diesem Material, das wir Humus nennen. Jedes Pflänzchen, das sein erstes Grün gen Himmel streckt, macht sich auch in umgekehrter Richtung auf, nach unten. Haarfeine Wurzelhärchen bohren sich mit einer Kraft, die dem dreifachen Druck eines Autoreifens entspricht, voran. Sie suchen nach Nahrung und werden auf ihrem Weg allerhand zwielichtige und gefährliche Bekanntschaften, aber auch gute Geschäfte machen. Die zehn Zentimeter währende Reise in die wichtigste der Bodenwelten bewältigt die Wurzel in drei Tagen. Sie steckt dann in dem, was der Mensch Humus nennt – und von dem er noch immer nicht weiß, was es wirklich ist.

Dabei gibt es Definitionen für Humus zuhauf – bislang gelang es aber keinem Wissenschaftler, auch eine chemische Formel dafür zu finden. Humus ist kein Material im herkömmlichen Sinne. Humus ist weniger eine Sache, sondern ein Prozess. Eine in Braun oder Schwarz gehaltene Bodenwelt, die im Amazonas wenige Zentimeter misst, während sie auf dem nordchinesischen Hochplateau östlich von Tibet einige Hundert Meter wächst. Die Menschen in dieser Region haben es sich angewöhnt, ihre Häuser einfacherweise nach unten zu bauen – nicht auf, sondern in den Boden. Sie verschwinden so gesehen in eine Grenzschicht zwischen Erdkruste und Atmosphäre, siedeln also in ein anderes Ökosystem über. Das verspricht Kühlung und vereinfacht die Arbeit – statt zu mauern, wird das Haus wie eine Skulptur im Erdreich freigelegt.

Noch präziser müsste man bei Humus sogar von einer einzigartigen Zivilisation reden, der größten und komplexesten, die es auf diesem Planeten gibt. Der amerikanische Wissenschaftler Graham Vernon Jacks bezeichnete den Boden bereits 1939 als «alles in allem delikaten Organismus».

Er war, wie viele Kollegen nach ihm der festen Überzeugung, dass der Boden unter unseren Füßen als Lebensform, nicht Lebensraum angesehen werden muss. Bestehend aus Milliarden von Lebewesen, welche die Infrastruktur und das Gerüst einer mysteriösen Welt bilden und miteinander im permanenten Nahrungswettstreit stehen.

Stellen wir uns Humus vielleicht als eine Art lebende Fugenmasse vor, die anorganische Bodenpartikel umgibt und miteinander verbindet. Mehr als die Hälfte des Bodenuniversums besteht aus mikrofeinen Poren, mit Luft oder Wasser gefüllten Freiräumen, von den Decken hängen mineralische Kristalle wie überkandidelte Kronenleuchter, um die wiederum dicke Trauben transparenter Pilzsporen wabern. Durch die Gänge huschen Amöben, die martialische Schalenpanzer tragen oder völlig nackt durch die Gegend streifen. Bodenpilze legen kilometerlange, klebrige Schlingen in den Tunneln aus, bilden Wohngemeinschaften mit Bakterien, die sich wiederum mit Algen verbünden, die je nach Laune bunte Farbfilter wie Make-up auftragen. Dazwischen vagabundieren Wimperntierchen, Nematoden oder Rotatorien – die Bodenwelt ist ein fantastisches Durcheinander, das seit Jahrmilliarden in absoluter Finsternis existiert. Je mehr Wesen aktiv sind, umso mehr kann zersetzt werden, umso mehr bleibt für die Verwerter übrig.

Die porenartige Struktur des Bodens bietet unendlich viel Stauraum für Leben und Material. Ein Quadratmeter Waldboden kann bis zu 200 Liter Wasser speichern. Im Labyrinth der Humus-Poren leben winzige Seeungeheuer

Wand an Wand mit Wüstenbewohnern, und wenn es sein muss, dann wird das eine schnell zum anderen, je nachdem, wie sich die Verhältnisse ändern.

Das Bodenwasser umspült die Poren wie eine Emulsion. Seine Zusammensetzung ist erstaunlich stabil, es wahrt seine Konzentrationsverhältnisse durch die permanente Abgabe und Aufnahme von Ionen. Die Bodenluft hingegen variiert auf kleinsten Gebieten, hat grundsätzlich aber immer eine andere Zusammensetzung als die Luft, die wir auf der Erde atmen. Sie enthält mehr Kohlendioxid, weniger Sauerstoff und einen Feuchtigkeitsgrad von fast 100 Prozent. Die Zustände im Boden lassen sich mit einer überfüllten Dampfsauna inklusive schlechter Belüftung vergleichen.

Die Atome unseres Körpers haben alle schon einmal die Welt von unten gesehen. Wobei einmal sogar arg untertrieben wäre. Die Wiedergeburt, sie ist Realität.

Eine Vorstellung, die der Menschheit seit jeher einige Faszination bereitet. Der Boden war und ist der Ort, dem wir unsere Toten übergeben, in dem das Leben immer wieder neu entsteht. Erde zu Erde eben – nur will das seit einiger Zeit nicht mehr recht gelingen.

Die Ursachen dafür sind vielfältig und überraschend – und selten thematisiert. Wer macht sich schon Gedanken darüber, ob Babypuder der Bodenfauna behagt oder warum Friedhofsgräber neuerdings immer häufiger mit Schnorcheln ausgestattet werden?

Wir machen einen Abstecher nach Ostrhauderfehn. Der kleine Ort in Ostfriesland erlangte im Jahr 2008 kurzzeitig

Berühmtheit, weil die Ostrhauderfehner große Probleme haben: Sie werden nicht wieder zu Erde.

Anders gesagt: 80 Prozent der dort bestatteten Leichen verwesen nicht. Die Recyclingmaschine Humus ist kaputt. Ein Umstand, der inzwischen jeden vierten der mehr als 33 000 Friedhöfe in Deutschland plagt. Was läuft da falsch?

Die Zersetzer sind weg und die Verwerter auch – der Humus ist ausgezogen. Seither bleibt dort unten alles liegen. Den Weg vom menschlichen Körper mit Haut, Haaren, Muskeln und Knochen hin zum Kohlenstoff begleiten normalerweise allerhand Wesen mit immensem Appetit. Die größeren unter ihnen, Würmer und Insekten, leiten die ersten Schritte ein, brechen den Körper auf, der durch das Wirken der körpereigenen Verdauungssäfte weicher und flüssiger wird. Auf diese Weise im besten Sinne transportfähig geworden, tritt das Körpermaterial die Reise in die Unterwelt an, wo sich Gestalten, von denen wir zu Lebzeiten nie Notiz nehmen, um den Rest kümmern und damit die eigentliche Arbeit erledigen. Sie zerlegen unseren Körper in seine ursprünglichen Bausteine, neben Kohlenstoff auch Phosphor oder Stickstoff. Woraus diese Nährstoffe aufbereitet werden, das ist dem Boden egal, und auch den Pflanzen, die ohne den Phosphor aus unseren Knochen nicht gedeihen würden. Der Boden ist kein Kostverächter, sondern ein Allesverwerter und ein Alleszersetzer. Damit das aber funktioniert, braucht es Wesen wie Pilze, Bakterien, Algen, Amöben, Wimperntierchen, Nematoden oder Rotatorien – in Ostrhauderfehn haben die sich sprichwörtlich aus dem Staub gemacht.

Überall auf der Welt
wird die Luft
im Boden knapp.

Auf der Suche nach Antworten wundern sich Bodenforscher über den Anstieg von Silber-Ionen im Boden. Wie kommt plötzlich immer mehr Silber in die Unterwelt, dazu ausgerechnet solches, das antibakteriell wirkt und im Boden Bakterien attackiert und damit deren wichtige Funktionen lahmlegt? Die Antwort fand sich unter anderem in Babywindeln.

Die enthalten große Mengen an Silber-Ionen, ebenso Babypuder aller Art. Damit oben der Baby-Po nicht wund wird, sammeln sich unten kleinste Mengen Silber-Ionen im Boden an und manipulieren binnen weniger Jahrzehnte die Unterwelt. Mit den Windeln für unsere Nachkommen sorgen wir also dafür, dass Erde zu Erde am Ende unserer Tage möglicherweise nicht mehr ganz so selbstverständlich funktioniert, wie es sich in der Bibel liest. Auf den deutschen Friedhöfen jedenfalls müssen die Totengräber längst mit Aktivkohle und Humusbeigaben nachhelfen. In viele Gräber wird gar ein Schnorchel gesteckt, um etwas Luft in den Untergrund zu leiten.

Überall auf der Welt wird die Luft im Boden knapp. Es herrscht zu viel Druck von oben. Der Ausbau von Landebahnen, Highways, Wolkenkratzern und Einkaufsstraßen, dazu schwere Landmaschinen und milliardenfaches Fußgetrampel – all das sorgt für eine zunehmende Verdichtung der Böden. Damit werden nicht nur die Lebensräume für Amöben, Nematoden, Regenwürmer oder Pilze zusammengeschoben, auch Pflanzenwurzeln finden keinen Platz – vor allem aber versagt das natürliche Belüftungssystem der Unterwelt.

Das ungefähr ist in Ostrhauderfehn geschehen. Dort kam die nationale Wissenschaftlergruppe zu der Erkenntnis, dass der seit dem Ende des 19. Jahrhunderts genutzte Friedhof kaum noch über Humus verfüge, der hohe Wassergehalt lasse kaum Sauerstoff nach unten und das beschriebene menschliche Zutun dezimiere die Biodiversität. Das Leben ist aus dem Boden der Toten ausgezogen.

Der Boden – die sogenannte Pedosphäre – ist ein Resümee der gesamten Ökosphäre unseres Planeten: Wasser, Luft, feste Materie und Leben treffen im Boden aufeinander. Erst deren gemeinsames Wirken verwandelt das Material des leblosen Erdinneren in eine höchst lebhafte Pufferzone zwischen der festen und gasförmigen Welt.

Die Grenzziehungen im Bodenreich verlaufen nicht nur vertikal. So wie sich auf diesem Erdball die Staaten aneinanderreihen, so liegen auf der Erdkruste auch unterschiedliche Bodenteppiche auf. Unterwelten von abweichender Konsistenz, Machart, Qualität und Herkunft. Mit unterschiedlichen Bewohnern, anderem Klima und verschiedenster Ausdehnung. Riesenreiche, Minireiche und lokale Kleinode.

Diese Grenzen sind mitunter schwer zu definieren, viel zu oft macht sich der Mensch auch einfach nicht die Mühe, sie zu achten. So gibt es für die Bodenwissenschaft keinen deutschen Boden: Vielmehr gehören wir zu den Ausläufern riesiger Erdreiche in Asien und Osteuropa, dazu kommen einige Gebiete mit skandinavischen Bodenminderheiten. Deutschland ist aus der Sicht von unten noch immer dieser zersplitterte Staat, der er vor 300 Jahren auch noch oben war. Deutschlands Untergrund wehte aus den asiatischen Steppen herbei und lagerte sich an den hiesigen Gebirgszügen wie dem Harz ab. Andere Bodenreiche schoben die Gletscher der Eiszeit den ganzen Weg von Skandinavien herbei. In Niedersachsen kreierten die Menschen den eigenen Untergrund, mit einer Plaggen genannten Technik, die im alljährlichen Umbrechen der Ackerkrume bestand.

Die Frage, auf welchem Bodenreich man sich denn gerade befindet, ist daher nicht nur für Landwirte von gewisser Tragweite, auch Baufirmen, Energiekonzerne, Landschaftsplaner, Architekten oder Müllentsorger können auf diese Daten eigentlich nicht verzichten. Nur gibt es diese Daten bislang allenfalls in sehr groben Dimensionen.

Bleiben wir aber noch ein Weilchen unten: Durch die mit Luft oder Wasser gefüllten winzigen Tunnel im Boden treiben Pflanzen ihre Wurzeln, die sich immer feiner verästeln. Genau genommen müsste man von zweierlei Wesen sprechen, der grünen Pflanze über und den Wurzeln unter Tage. Zwei gänzlich unterschiedliche Lebensformen. Die Wurzeln kennen keinen Sonnenschein, ein Teil von ihnen liegt im Bodenwasser, ein anderer in luftigen Röhren. Von unten gesehen ist die Pflanze ein reiner Wanderzirkus. Zusammen mit Pilzen und Bakterien zieht sie durch die Unterwelt. Stellte man die Welt auf den Kopf, wären Pflanzen nicht mehr die grünen Halme und Stängel, die wir kennen, sondern äußerst bizarre Wurzelwelten.

Eine ausgewachsene Buche wäre ein Knäuel von gut 20 Kilometern Wurzel, ein Geflecht aus armdicken Stämmen und feinsten Härchen, an denen wiederum Pilzfäden wie angeklebte Wattebärtchen hängen. Ein undurchdringliches Design, in dem es vor Lebewesen nur so wimmelt. Die Oberfläche der Erde wirkte mit den Wesen aus seiner Unterfläche wie die fantastische Welt eines Science-Fiction-Films.

In keinem anderen Lebensraum der Erde drängt sich das Leben derart wie in der von Wurzeln durchdrungenen Bodenschicht. Nirgendwo sonst finden sich so viele verschiedene Arten, herrschen so komplexe Beziehungen untereinander, leben derart viele bizarre Bewohner. Das Leben auf der Erde wird zum Großteil aus dieser nur wenige Millimeter um die Wurzeln herum befindlichen Bodenschicht heraus gesteuert. Dort unten befindet sich die eigentliche Schaltzentrale der Pflanzen: Die Wurzeln sind weniger der Fuß der Flora, vielmehr stecken Pflanzen kopfüber im Boden.

Schon Charles Darwin hatte überlegt, ob man das Bild nicht umdrehen müsse, die Wurzelspitze war für ihn das Kopfende und sie erinnerte ihn an das Gehirn niederer Tiere. Tatsächlich sind die Wurzeln in der Unterwelt höchst effizient vernetzt, nicht nur mit den eigenen Wurzelhärchen – sondern auch mit dem Myzel verschiedenster Mykorrhiza-Pilze. Mit ihren hauchdünnen Fädchen spannen Pflanze und Pilz wahre Nervenbahnen, über die sie Informationen ebenso wie Nährstoffe über beeindruckende Distanzen transportieren. Die Pflanze erkundet über diese Wege die Umgebung nach Feuchtigkeit und Mineralien, sie erkennt Hindernisse, Feinde, nimmt minimale Lichteinfälle und die Schwerkraft wahr.

Diese natürlichen Highways und Datenautobahnen bevölkern auch Bakterien, Urbakterien und allerhand Krabbelgetier. Sie dienen untereinander als Wachschutz, Apotheke, Kampfeinheit oder schnelle Putzkolonne, wie etwa die Archaeen. Manche Arten dieser Mikroorganismen gelten als die schnellsten Wesen dieses Planeten, ein Sportwagen wäre umgerechnet auf die Geschwindigkeit der Archaea 6000 Stundenkilometer schnell. Sie gedeihen besonders gut in extrem heißen oder kalten Gegenden und können Materialien in ihren Stoffwechsel integrieren, die die meisten anderen Lebewesen dieses Planeten vergiften würden. Forscher tüfteln daran, bestimmte Archaeen künftig kontaminierten Böden als eine Art Putzkolonne zu verabreichen.

Die Mykorrhiza-Pilze sind geborene Dienstleister und Händler der Unterwelt und damit auch für die Entwicklung der Oberwelt von größter Bedeutung. Glaubte man bislang noch, das Pflanzenwachstum würde vor allem von Faktoren wie Standortkonkurrenz, Nährstoffgehalt oder Klima beeinflusst, so wissen die Forscher heute, dass es vor allem die Informationen aus der Unterwelt sind, welche die Pflanzen schnell oder langsam und in bestimmte Richtung wachsen, sich krümmen oder auch strecken lassen. Das Wurzelgehirn sorgt dafür, dass sich die Pflanze äußerst erfolgsorientiert durch den Boden bewegt.

In der Unterwelt wird verhandelt, geteilt und kooperiert. Oder Krieg geführt. Nehmen wir an, eine Wurzelspitze dringt in das Erdreich vor. Sie erweckt dabei einen Bodenpilz, der eine Mahlzeit wähnt und sogleich mit der

Pflanze in Verhandlungen tritt: Tausche Phosphor gegen Kohlenhydrate. Die Pflanze willigt ein und lässt den Pilz bis in ihre mikroskopisch winzigen Wurzelzellen hineinwachsen. Der bedient sich an den zugeteilten Kohlenhydraten, hinterlässt im Gegenzug den Phosphor, den er über seine oft kilometerlangen Pilzfäden von weit her transportiert hat, und übernimmt vielleicht sogar die Wasser- und Nährstoffversorgung für die Pflanze. Und ständig kontrollieren sich beide argwöhnisch, ob der andere ihn nicht übervorteilt. Wittert die Pflanze Betrug, verdaut sie den aufgenommenen Pilz kurzerhand, oder der Pilz zieht sich zurück und lässt die Pflanze darben. Oder er verschlingt sie seinerseits.

Bodenlebewesen können auch die Botschaften von anderen Arten abhören. Vermuten Pflanzen etwa unliebsame Konkurrenz, senden sie über das weit verzweigte Netz der Pilzfäden einen Weckruf an Bakterien, die in der Nähe der Konkurrentin schlummern. Die erwachen angesichts der versprochenen Mahlzeit und attackieren die Pflanze. Die wehrt sich mit einem toxischen Cocktail und informiert ihrerseits die natürlichen Fressfeinde der Bakterien. Wie das im Einzelnen funktioniert? Niemand weiß es. Alles, was sich tiefer als zehn Zentimeter im Boden abspielt, liegt noch völlig im Dunkeln.

Etwa die Frage, wie sich die Ackerschmalwand über das Bakterium Bacillus subtillis mit Antibiotika versorgt, wenn es von Pseudomonas-Bakterien befallen ist. Beim Menschen löst dieser Stamm Lungenentzündungen aus, im Fall der Ackerschmalwand verantwortet er die Weichfäule, die binnen weniger Tage die Blätter der Pflanzen vergilben lässt. Über die Wurzeln ruft das Kraut deshalb nach dem Notarzt, es sondert Apfelsäure ab, die über das Myzel der Mykorrhiza-Pilze im Boden verbreitet wird und das bereits genannte Bacillus subtillis aus dem Schlaf holt, in freudiger Erwartung einer Mahlzeit.

Das Prinzip, die eigenen Feinde mit deren Feinden zu bekämpfen, ist weit verbreitet im Boden. So lockt beispielsweise Mais, wenn der Maiswurzelbohrer ihn attackiert, mit der Freisetzung von Beta-Caryophyllen die im Ackerboden wimmelnden Nematoden an. Die winzigen Fadenwürmer schlängeln sich in Richtung des Senders, kriechen in Mund und Körperöffnungen der Larve des Maiswurzelbohrers und saugen diese von innen her aus.

Die Idee, dass das Leben auf der Erde vom Überlebenskampf unzähliger Organismen in der Unterwelt gesteuert wird, könnte man fast philosophisch betrachten oder ganz praktisch finden. Brächte der Mensch da unten die richtigen Gesprächspartner zusammen oder würde ein wenig mitreden, gar ein paar Falschmeldungen streuen, ließen sich so vielleicht Wüsten wieder begrünen. Oder auch die schweren Ernteverluste vermeiden, wie sie der Maiswurzelbohrer etwa in den USA regelmäßig verantwortet. Aber warum schaffen das die Pflanzen nicht selbst?

Das klappt durchaus – aber nur, solange die Pflanze auch rufen kann. An dieser Stelle zeigt sich wieder, wie unsere Konzentration auf die Oberfläche allerhand durcheinanderbringen kann. Die Maiszüchtungen der vergangenen Jahrzehnte entsprangen nur einem Interesse: mehr von

Statt also Gene, Nähr-
stoffe oder Feuchtigkeit
zu manipulieren,
tüfteln immer mehr
Forscher heute am
Aufbau sozialer Netz-
werke im Boden.

dem, was auf dem Acker wächst. Die vielen gentechnischen Veränderungen haben aus dem Mais aus der Sicht von oben sehr stattliche Wesen gemacht – leider sind sie nun unten stumm. Die Züchter haben ihnen allerhand Leistung antrainiert, nur dadurch leider auch die Stimme geraubt. Wenn der Mais auf den Äckern heute um Hilfe schreit, dann können die Nematoden es nicht hören, und die Parasiten haben leichtes Spiel.

Statt also Gene, Nährstoffe oder Feuchtigkeit zu manipulieren, tüfteln immer mehr Forscher heute am Aufbau sozialer Netzwerke im Boden. Statt Dünger könnte auch der Kontakt mit dem richtigen Bodenpilz die Nährstoffversorgung für eine Pflanze verbessern, statt Pestiziden könnte auch das Zusammenspiel mit geeigneten Fadenwürmern die Pflanzen vor Schädlingen schützen – dieses neue Miteinander könnte der neue Trend der Landwirtschaft werden.

Solche Beziehungen, etwa zwischen Bodenpilzen und Pflanzen, sind ein wichtiger Bestandteil der aktuellen Bodenforschung. Pinien etwa können ohne den Dienstleister Mykhorriza nicht existieren, denn der schafft Wasser und Nährstoffe heran und vertreibt außerdem noch arglistige Feinde. Die Anstellung dieser Pilze ist beileibe kein Schnäppchen, die Pflanze zahlt in Kohlenstoff, an dem sich der Pilz bedient. Beeindruckend, wie rein geschäftlich diese Beziehung ist: Sobald der Boden vor Ort genügend Nährstoffe bereithält, wird nicht weiter investiert. Schon vor zweitausend Jahren war es römischen Gelehrten aufgefallen, dass sich zum Beispiel Walnussbäume andere Pflanzen vom Leib halten. Deren abgeworfene Blätter enthalten

Giftstoffe, die anderen Arten das Wachsen verleiden, Tannenbäume agieren ähnlich.

Richtig zur Sache geht es aber erst im Untergrund. Mitunter lassen Pflanzen oben alles stehen und liegen, stoppen das Wachstum, die Produktion von Früchten und Samen – um sich ganz auf das Ausbreiten ihres Wurzelgehirns zu konzentrieren. Sie wachsen dann mit Konkurrenten regelrecht um die Wette, versuchen dem anderen das Erdreich streitig zu machen, in die Rhizosphäre des anderen zu wuchern. Sojapflanzen können im Kampf gegen Artgenossen ihr Wurzelwerk um bis zu 85 Prozent ausdehnen, auf der Strecke bleibt der Ertrag auf dem Acker. Diese unterirdischen Kämpfe finden in jedem Acker, in jedem Blumenkübel und in jedem Experimentiertopf von Matthias Rillig statt. Geht es auch freundlicher? Nach Meinung der kanadischen Wissenschaftler in Hamilton schon: Sie stellten bei miteinander verwandten Pflanzen eine ungleich größere Harmonie und Solidarität fest. Die gingen nicht aufeinander los, sondern kamen augenscheinlich miteinander klar.

Sonst noch was? Ach ja, der Sex – der wurde auch in der Unterwelt erfunden. Vermutlich praktizierten ihn erstmals Bodenbewohner aus der Familie der Pilze. Für den Ursprung der Pilze etwa hat sich die Wissenschaft aktuell auf eine Spanne irgendwo zwischen vor 400 Millionen und 2,4 Milliarden Jahren geeinigt, das ist ein bisschen so konkret, als würden die Geografen der Welt nach intensiven Forschungen behaupten, Berlin befände sich mit Sicherheit irgendwo zwischen Peking und New York.

Für die Pilze lässt sich mit Bestimmtheit nur sagen, dass mit ihnen alles angefangen hat. Ohne Pilz hätte die Photosyntheseabteilung des Planeten vor gut 400 Millionen Jahren aus dem Meer kommend nicht auch an Land Niederlassungen eröffnen können. Der mit Abstand größte Zersetzungstrupp dieses Planeten musste erst einmal organisches Material abbauen und in Form von Nährstoffen für andere Bodenlebewesen wie Pflanzen oder Bakterien verfügbar machen. Außerdem knüpfen Pilze wichtige Versorgungs- und Informationskanäle, nicht selten über Distanzen von vielen Kilometern – ohne diese Infrastruktur würde im Boden kaum ein Blatt kompostiert, geschweige denn, dass Leichen in Ostfriesland oder sonst wo vergehen könnten. Der Landgang der Pflanzen wäre ohne die Pilze wohl ausgefallen. Und damit ziemlich wahrscheinlich auch der spätere Auftritt von uns Menschen. Zumindest aber hätte der Mensch nie eine bessere Apotheke als die Pilze gefunden, um sich gegen Krankheitserreger aller Art zu wappnen.

An dieser Stelle wird es Zeit, die Aufmerksamkeit zu jenen Wesen zu lenken, die die eigentlichen Leistungsträger des Lebens auf diesem Planeten sind. Die unter uns fleißig ihre Arbeit tun, ohne die der Mensch nicht sein könnte. Ohne die unsere Topfpflanzen nicht grünen, keine Ernte auf dem Acker möglich ist und auch kein Mensch je wieder zu Erde werden könnte. Kurzum, ohne die der Boden keine seiner Funktionen ausüben könnte, der Müll bis zum hundertsten Stock der Wolkenkratzer wachsen würde, die Luft nicht mehr zu atmen wäre und das Wasser nicht zu trinken.

Die Rede ist von Nematoden, Pseudoskorpionen, Milben, Pilzen, den sich selbst katapultierenden Springschwänzen sowie Amöben, Saftkuglern, Schnurfüßern, Steinkriechern, Erdläufern und Rädertierchen. Die großen Aufgaben auf diesem Planeten obliegen Billionen von kleinen Unterirdischen, die die meisten von uns zeit ihres Lebens nicht einmal zu Gesicht bekommen. Und doch entscheidet sich, wer auf diesem Planeten lebt und wie, letztlich am Stoffwechsel dieser oft nur einzelligen Wesen.

Die eigentliche Macht dieses Planeten ist eine wahrhaft eindrucksvolle Horde, winzige Wesen, nicht selten extrem giftig, uns Menschen in Zahl und Masse weit überlegen, die mit ihrer unermüdlichen Aktivität den buchstäblichen Grundstein für einen Großteil des Lebens auf der Erde legen. Die volkswirtschaftliche Bedeutung dieser kaum sichtbaren Truppen ist geradezu systemimmanent, und stünden wir diesen Lebewesen tatsächlich einmal in vergleichbaren Dimensionen gegenüber – wir würden uns wie in einem schrecklichen Albtraum fühlen.

Etwa, wenn wir in eines der acht Augen eines Springschwanzes schauten. Das kleine Ur-Insekt verlustiert sich seit einigen Hundert Millionen Jahren in der Finsternis und stellt die zweitgrößte Population im Reich der Bodentiere. In einem Quadratmeter leben mehr als 400 000 Springschwänze, ohne deren munteres Hüpfen auch wir keine großen Sprünge machen können. Unsere Ernährung, die Luft, die wir atmen, das saubere Wasser, das wir trinken – ohne den Springschwanz hätten wir das alles nicht. Wissenschaftler schätzen, dass es im Boden um die 50 000 verschiedene Springschwanz-Arten gibt – 8000 davon wurden bislang beschrieben.

Die zwischen 0,1 bis 17 Millimeter kleinen Vertreter dieser Art sind mit bis zu acht Einzelaugen ausgestattet, und haben wohl ziemlich schnell festgestellt, dass dies in absoluter Finsternis auch nicht die passende Antwort ist. Der Springschwanz zählt zu den wenigen Lebewesen, die bis zu acht Augen haben – und dennoch nahezu blind sind.

Was vor allem überrascht, wenn man weiß, wie halsbrecherisch sich diese zu den Sackkieflern gehörende Art fortbewegt: Mittels zweier polyesterartiger Haken an ihrem Hinterleib katapultieren sie sich durchs Bodenlabyrinth. Ihnen gelingen dabei Sprünge von bis zu vier Zentimetern. Auf die Dimension des Menschen umgerechnet, springen die Achtäuger damit bis zu vier Kilometer weit, einer von vielen Weltrekorden, die von Bodenlebewesen aufgestellt wurden – und das muss man sich im Blindflug erst einmal trauen.

Ihren Kauapparat tragen die Tierchen in einem Sack wie einen Werkzeugkoffer hin und her. Ihr Talent besteht im sogenannten Nussknacker-Effekt, gemeint ist das Aufbrechen von Hüllschichten organischer Materialien, sodass weitere Verwerter leichter an die Zellinhaltstoffe gelangen. Der Pelletierungseffekt genannte Stoffwechsel führt dazu, dass kompaktes Pflanzenmaterial in Kotballen umgewandelt wird, die den Mikroorganismen durch Oberflächenvergrößerung einen besseren Zugriff erlauben. Oft impfen Springschwänze ihren Kot während der Darmpassage sogar noch mit Bakterien, die den mikrobiellen Abbau anheizen.

Aus diesen Prozessen stammen die für Pflanzen so wichtigen Nährstoffe, auf diese Weise werden die zunächst unverwertbaren Reste organischen Materials zu bekömmlichem Dünger aufbereitet. Von der Arbeit der Springschwänze profitieren die Friedhöfe in Friesland genauso wie unsere Zimmerpflanzen im häuslichen Blumentopf. Der volkswirtschaftliche Nutzen dieser winzigen Spezies ist gewaltig. Zudem dient dieser unscheinbare Erdbewohner auch uns Menschen dadurch, dass er Schwermetalle festsetzt. Unser Giftmüll wird sozusagen frei Haus endgelagert, und zwar derart verpackt, dass er mit anderen Verbindungen nicht mehr reagieren kann. Springschwänze grasen außerdem Pilzfäden von Keimlingen und Samen ab und übernehmen damit den Gesundheits- und Hygienedienst im Boden, auf den viele Kulturpflanzen des Menschen angewiesen sind.

Und der Mensch? Der kennt ihn fast ausnahmslos als Schädling, der etwa bei Monokulturen die hochgezüchteten und hochsensiblen Wurzeln anknabbert. Warum aber wechselt der Springschwanz in diesen Fällen kurzerhand die Mannschaft, spielt für die Verwerter, nicht mehr für die Zersetzer, wie es doch eigentlich seine Bestimmung wäre? Weil der Mensch ihm keine andere Wahl lässt. Der Unterbau gerät beim Anbau von Monokulturen nämlich ähnlich eintönig wie der Acker zu Tage. Wenn oben nur Mais oder Getreide wächst, dann dezimiert das auch das übliche bunte Durcheinander im Boden. Für Bewohner wie den Springschwanz fällt dann nicht mehr genug ab. Das Mahl aus Aas und Pflanzenresten fällt aus, da von oben nichts mehr abfällt, wenn außer Mais auf dem Acker nichts mehr leben darf. Aus dem eigentlichen Pflanzenhelfer wird aus purer Not ein Pflanzenfresser. Oder er geht ein, was vor allem durch den Einsatz von Pestiziden durch die Landwirte beschleunigt wird, die sich dadurch eines wichtigen Mitstreiters berauben.

Und das ist leider kein Einzelschicksal. Auch der Sternmull könnte viel besser helfen, wenn man ihn ließe. Dieser pelzige Wühler – vielen als Maulwurf bekannt – gab seine Fähigkeit zu sehen schon vor Jahrmillionen ab. Er rüsselt seither präzise durch die Unterwelt – dank eines guten Dutzends fleischroter Tentakel, die sich aus seiner Nase stülpen. Einen solchen Kopfschmuck legt sich nur zu, wer sich sicher sein kann, dass ihn niemand sieht – der Sternmull sieht aus, als wäre ihm zu Karneval die rote Clownsnase im Gesicht explodiert. Dieser Nasenaufsatz aber macht das Tier zum schnellsten Fresser dieses Planeten.

Der Sternmull macht es mit Gefühl, und das in ziemlich genau 230 Millisekunden. So viel Zeit bleibt seiner Nahrung zwischen entdeckt werden und in seinem Magen gelandet sein. Kein Lebewesen verarbeitet derart schnell Nahrung und vor allem Informationen: Seine roten Tentakel berühren die potenzielle Beute, zwischen Gehirn und Nasenfühlern schießen die Neuronen hin und her, und in sagenhaften acht Millisekunden ist entschieden, ob das, was da ist, essbar ist. Und dann runter damit.

Neurologen erforschen heute am unscheinbaren Sternmull die maximale Leistungsfähigkeit eines Gehirns. Der in den Klischees und Kinderbüchern stets etwas großväter-

Der Maulwurf ist im
Boden, was der Löwe
für die Steppe bedeutet:
das größte Raubtier
im Ökosystem.

lich und gemütlich daherkommende Pelzträger frisst nicht nur schnell, sondern vor allem auch viel, wobei das eine das andere bedingt. Pro Jahr sind es bis zu 30 Kilogramm Insekten und Würmer. Bei einem eigenen Körpergewicht von gerade einmal 100 Gramm, entspricht dies einer täglichen Ration der hälftigen Eigenmasse. Ganz so, als würde ein normalgewichtiger Mensch am Tag 35 Kilogramm Fleisch verputzen. Da muss man sich sputen – und das macht der Mull in Weltrekord-Manier.

Der Maulwurf ist im Boden, was der Löwe für die Steppe bedeutet: das größte Raubtier im Ökosystem. Der Maulwurf frisst nur mehr, in den Maßstäben seines Lebensraumes wirkt er mit seiner Statur dabei nicht weniger furchteinflößend, ein Gigant, der sich perfekt angepasst durch die Finsternis wühlt. Der Mensch betrachtet ihn als Unhold und stellt dem kleinen Mull mit allerhand raffinierten Techniken nach. Für das Ökosystem erfüllt er gleichwohl eine überaus wichtige Funktion: Er ist einer der Belüfter der Unterwelt, in Fachkreisen wird von Bioturbation gesprochen, und damit ist die Lockerung, Umlagerung und Durchmischung der Bodensubstanzen gemeint. Das erledigt der Mull und mit ihm auch der Regenwurm, der wiederum seine Leibspeise ist.

Womit wir bei der nächsten Spezies gelandet sind, ohne die unsere Welt nicht so wäre, wie sie ist. Regenwürmer bohren sich bis zu einen Meter tief ins Erdreich und fressen sich dabei durch. Die Vertreter dieser Spezies haben so ziemlich jeden Landstrich auf diesem Planeten buchstäblich verinnerlicht und aufgebaut. Die Landschaften Großbritanniens zum Beispiel verdauten die dort lebenden Regenwürmer allein zu Lebzeiten eines gewissen Charles Darwin schätzungsweise an die sieben Mal. So jedenfalls will es Darwin – einer der größten Regenwurmforscher aller Zeiten – herausgefunden haben. Er beobachtete über Jahre, wie Steine oder Münzen in den Äckern regelrecht zu versinken schienen. Darwin erkannte, dass sie eigentlich von unten her verbuddelt wurden.

Der Verdauungstrakt eines Regenwurms ist damit einer der Orte auf diesem Planeten, die maßgeblich zu dessen Antlitz und Funktion beitragen. Er fungiert wie eine Art Brutkasten, einige Bakterienarten vermehren sich binnen einer Passage durch den Regenwurmdarm um den Faktor 1000. In kürzester Zeit züchten einige Tausend Regenwürmer auf diese Art Billionen solcher Mikroorganismen. Diese helfen ihnen dann bei der Arbeit: Sie zersetzen und verwerten.

Regenwürmer lassen ihre Nahrung von diesen Bakterien vorverdauen. Das Prinzip funktioniert wie folgt: Die Würmer transportieren abgestorbene Pflanzenteile von der Oberfläche in die Tiefe. Die Münder von Regenwürmern sind ausgeklügelte Apparate, mit denen sie Blattwerk fest ansaugen und dann geschickt durch ziemlich enge Tunnel zerren. Unten angelangt, laben sich zunächst die Bakterien aus der eigenen Züchtung daran, zusammen mit diversen anderen Mikroorganismen. Zuletzt frisst der Regenwurm den schön vermoderten Pflanzenbrei – und sämtliche Bakterien wie auch die anderen Vorkauer, etwa Nematoden, Springschwänze oder Protozoa gleich mit.

Genau genommen frisst ein Regenwurm einfach alles, was ihm vor das Maul kommt. Aber immer erst dann, wenn Bakterien diese Mahlzeiten zuvor gewissermaßen mundgerecht zubereitet haben. Und zum Dank dafür werden sie gleich mitgefressen, das ist jedoch weniger schlimm, als es klingt: Für die meisten der Mikroorganismen gerät die Darmpassage nur zur Durchgangsstation, sie werden an anderer Stelle unbeschadet wieder ausgeschieden.

Dadurch bringen Regenwürmer da unten einiges in Verkehr. Und das ist nicht immer gut. Der französische Wissenschaftler Louis Pasteur vermutete, dass Milzbrand-Erreger immer wieder auf der Erde auftauchen, weil Regenwürmer sie aus vergrabenen Tierkadavern zurück ans Licht transportieren. Die Bakterien gehören zu jenen Arten, die eine Passage durch den Verdauungstrakt eines Regenwurms unbeschadet überstehen. Für sie ist das wie Metro fahren. Sie steigen im Boden ein und über der Erde wieder aus.

Die Bestandteile, die in ihren Verdauungstrakten überführt werden, zerreiben die Würmer zunächst mit dort eingelagerten winzigen Kieseln, am Ende reichern sie die Ausscheidungen noch mit Huminsäuren an. Die so entstandenen Kotballen legen sie dann einfach an den Eingängen ihrer Tunnel ab.

Auf diese Weise häufen sie von unten her Kothaufen für Kothaufen neuen Boden an. Darwin errechnete, dass auf einem sechs Hektar großen Landstrich so pro Jahr 25 000 Kilogramm Boden an die Oberfläche gelangen. In den Tropen sind es noch weit mehr, bis zu 280 000 Kilogramm pro

Hektar. Durchaus gewaltige Mengen für derart kleine Wesen, und dennoch vergingen mehr als 2000 Jahre, um die zehn Zentimeter Humus, die wir heute unter unseren Füßen haben, wachsen zu lassen. Zehn Zentimeter Boden, das ist in Europa das Ergebnis der Arbeit der Regenwürmer seit Christi Geburt. Es ist die Grundlage für die Ernährung und das Leben der heutigen Bevölkerung. Demzufolge stehen Würmer in der Bibelüberlieferung zu Recht auf gleicher Stufe wie Könige und Kaiser.

Charles Darwin erkannte als einer der Ersten, dass der Mensch sein Dasein auf dem Stoffwechselendprodukt eines Wenigborsters bestreitet, die Erdoberfläche letztlich mit Regenwurmkot ausgelegt ist. Entsprechend groß war die Faszination, die Regenwürmer auf den Begründer der Evolutionstheorie ausübten. Sein Leben lang unterhielt er ein weltweites Korrespondentennetz, um Regenwurm-Daten aus allen Ecken der Erde zusammenzutragen. Mehr als drei Jahrzehnte arbeitete er an einer über 300 Seiten zählenden Abhandlung mit dem Titel «Die Bildung der Ackererde durch die Tätigkeit der Würmer».

Ein amerikanischer Wissenschaftler fand zudem heraus, dass sich Regenwürmer auch als Haustiere eignen könnten – sie lassen sich gern streicheln. Probieren Sie es ruhig einmal aus: Einfach mit dem Finger den Rücken entlangstreichen, der sich zuvor noch windende Wurm wird plötzlich im wahrsten Sinne des Wortes handzahm und lässt sich lang ausgestreckt verwöhnen.

Über das Streichelverhalten gibt es also wissenschaftlich fundierte Erkenntnisse. Wie lange Regenwürmer aber schon das Erdreich bewohnen, ist genauso unbekannt wie die Antwort auf die Frage, wie alt so ein Wenigborster werden kann. Man tut sich schon schwer, die einzelnen Vertreter überhaupt zu klassifizieren und ihnen einen Namen zu geben. Der einfachste Anhaltspunkt für die Identifizierung einer Art ist bislang die Zahl der Herz-Paare: Einige Arten haben bis zu fünf Doppelherzen in ihrem Körper schlagen.

Die Erkenntnis hinter diesem kleinen Exkurs in die Bodenbiologie? Boden ist mehr, als wir denken. Wir reden hier nicht nur über Grundstücke, sondern über Lebensräume mit beeindruckender Biodiversität. Auch das hat einen Wert, vielleicht sogar einen größeren als alles, was man darauf aus Beton bauen oder an Erträgen ernten könnte. Bakterien und Pilze erweisen sich in der Unterwelt zum Beispiel als wandelnde Apotheken, die die Pharmaindustrie in große Träumereien versetzt.

Es war ein Bodenpilz, der uns das Penicillin bescherte und damit den Fluch der Infektionskrankheiten beendete, für eine Zeit lang jedenfalls. Bodenpilze wären ihren Fressfeinden, den Bakterien, eigentlich hoffnungslos ausgeliefert, allein weil sie mit deren Fortpflanzungsraten nicht mithalten können. Alle zwanzig Minuten kann ein hungriges Bakterium eine neue Generation ausbilden. Da helfen nur sehr effiziente Antibiotika, und die haben Pilze über Jahrmillionen entwickelt. Der Mensch hat sie sich ausgeborgt, um sich seinerseits vor den Bakterien zu schützen. In gewaltigen Edelstahlkesseln züchtet die Pharmaindustrie Bodenpilze, um deren Apotheke zu nutzen – deren weltweiter Einsatz hat allerdings dazu geführt, dass die Bakte-

Der Boden gilt heute
als der größte Genpool
dieses Planeten.

rien mehr und mehr Widerstandskräfte ausgebildet haben, pessimistische Mediziner befürchten, dass die Antibiotika noch in diesem Jahrhundert ihre Wirksamkeit verlieren. Im russischen Permafrostboden fanden Forscher bereits Bakterien, die gegen sämtliche heute gängigen Antibiotika Resistenzen ausgebildet hatten. Bei genauem Hinsehen stellte sich dann allerdings heraus, dass diese Organismen mindestens 25 000 Jahre alt waren – wie lässt sich das erklären?

Im Apothekerschrank des Menschen ist kaum etwas, was die Natur nicht schon selbst entwickelt hätte. Sämtliche heute verfügbaren Antibiotika stammen von Bodenlebewesen wie Pilzen ab. Den Kampf, den wir seit einem halben Jahrhundert führen, tragen die Mikroorganismen dort unten seit mindestens 500 Millionen Jahren aus. Höchstwahrscheinlich noch sehr viel länger.

In dieser Zeit wurde in den Giftküchen des Bodens einiges zusammengerührt. Pseudoskorpione tragen zum Beispiel Gifte mit sich herum, deren Wirkung alle überirdisch bekannten Substanzen übertrifft. Pflanzen und Pilze kommunizieren mit einem wahren Chemiebaukasten, viele dieser Moleküle vermochte die Wissenschaft bis heute nicht zu dechiffrieren. Wer in der Dunkelheit nichts sieht und hört, der legt sich besser ein reichhaltiges Reservoir an Chemo- oder Hydrorezeptoren zu. Im Boden stopfen sich einige Wesen geradezu damit voll, statten nicht nur die oralen Partien damit aus, sondern übersäen den ganzen Körper damit. Bodenlebewesen sind wandelnde Geschmacksorgane.

Der Boden gilt heute als der größte Genpool dieses Planeten. Und wir sind dabei, ihn zu zerstören, bevor wir die darin wartenden Schätze – etwa hochwirksame Antibiotika, Krebsmedikamente oder kosmetische Substanzen – überhaupt entdeckt, geschweige denn gehoben haben. Fast ein Sechstel der weltweit nutzbaren Böden gelten heute als degradiert, das entspricht einer Fläche größer als die USA und Mexiko zusammen. Auf einem Viertel der Landoberfläche kämpfen die Menschen gegen die voranschreitende Verwüstung, von den reinen landwirtschaftlichen Nutzflächen gelten gegenwärtig circa 40 Prozent als stark geschädigt. Auf dem afrikanischen Kontinent erreicht dieser Anteil bedenkliche 80 Prozent.

Der Gebrauch schwerer Landmaschinen hat das Erdreich über Jahrzehnte verdichtet, die feinen Kapillaren existieren nicht mehr, der Regenwurm kommt im zementgleichen Boden nicht mehr voran, Gleiches gilt für die Pflanzen. Auch fehlt dem Boden sein schützendes Dach, über Jahrmillionen hat er Sorge getragen, dass sein Haupt nie unbedeckt ist, es mit Wäldern, Gräsern oder Büschen bedeckt bleibt. Zu fragil und sensibel ist das Konstrukt, ein Windstoß oder Regenschauer reicht aus, um wertvolle Erde, die über Jahrhunderte entstanden ist, hinwegzureißen. Fachleute reden dann von Erosion.

Einerseits handelt es sich dabei um die natürliche Wanderung der Bodenreiche. Europa ist mit Bodenpartikeln aus den asiatischen Steppen ausgelegt, die globale Luftströmungen herbeiwehten. Der Amazonas wächst auf importiertem Boden aus der Sahelzone, seit Jahrtausenden trägt der Passatwind Staub aus der Sahara bis nach Südamerika, wo dann auf einstigem Wüstensand Regenwälder gedeihen. Flüsse transportieren Böden über weite Distanzen, um sie an anderer Stelle wieder abzulagern.

Nur hat dieser globale Bodenhandel mittlerweile dramatische Ausmaße erreicht. In Kalifornien etwa muss man sich mit Sandstürmen auseinandersetzen, die ihre Fracht aus dem fernen China über den Pazifik tragen. Grund ist die voranschreitende Verwüstung im Reich der Mitte – die Landschaft des Landes löst sich buchstäblich in Luft auf. Gleichzeitig sinkt die Bodenproduktivität des Landes, auch weil man so viel Dünger einsetzt: Ein Drittel der globalen Düngerproduktion landet auf chinesischen Feldern, die aber nur einen Anteil von acht Prozent an der weltweiten Ackerfläche haben.

Flüsse und deren Mündungen verschlammen zusehends, immer mehr kostbarer Humus wird auf Nimmerwiedersehen ins Meer geschwemmt. Schätzungsweise gehen dadurch weltweit 24 Milliarden Tonnen Boden jedes Jahr verloren, das entspricht drei Tonnen pro Kopf. Und das geschieht Jahr für Jahr – bis allein ein Kilogramm davon in der Unterwelt entstanden ist, vergingen 100 bis 500 Jahre.

Es ist offensichtlich, dass wir seit Generationen immense Schulden bei der Unterwelt machen – und dass wir diese nach menschlichem Ermessen nie zurückzahlen können. Der Boden ist wie ein Scheck, ausgestellt mit einer gigantischen Summe – nur ist der schon lange nicht mehr gedeckt. Forscher sprechen bereits vom Peak Soil – sie befürchten, uns könnte nicht zuerst das Öl, sondern der Boden unter unseren Füßen ausgehen.

Der organische Rest vergangener Epochen und Erdzeitalter summiert sich heute auf 2400 *10 hoch 15 Gramm Kohlenstoff, die derzeit im Boden verschlossen sind. Das bedeutet Landschaften, Pflanzen, Menschen, Tiere – mitunter uralte Kapitel der Vergangenheit, die nun zu einem Großteil weniger als einen Meter unter unseren Füßen als Humus ausgebreitet sind und sich leicht zwischen den Fingern zerbröseln ließen.

Im Boden hat sich auf diese Weise die doppelte Menge Kohlenstoff angesammelt wie oben in Atmosphäre und Vegetation zusammen. Die Sorge von Wissenschaftlern ist, dass die Deckenheizung in der Unterwelt bald Milliarden von Wesen erweckt, die nichts anderes im Sinn haben werden, als diesen Kohlenstoffschatz zu verspeisen und damit die gewaltigste Menge $CO_2$ in die Luft zu blasen, die der Mensch jemals erlebte. Der dadurch losgetretene Greenhouse-Effekt würde alles übersteigen, was wir heute zu prognostizieren in der Lage sind.

3.

# Wem gehört Deutschland –

## *mit der Betonung auf Land*

Eine Analyse der (dann meist doch unbekannten) Besitzverhältnisse und was sie für unseren Alltag und unsere Wirtschaft bedeuten.

Wem gehört Deutschland? Wenn man das wüsste. Im ersten Kapitel war bereits die Rede davon, dass Eigentumsverhältnisse für Grund und Boden in Deutschland kaum einsehbar sind. Das Unternehmen On-geo, ein Anbieter von Geo-Daten, machte sich 2019 einmal die Mühe, den Wert des deutschen Bodens mathematisch zu ermitteln. Die Auswertung von Gutachterdaten ergab schließlich eine Zahl von 5,5 Billionen Euro. Zu der Zeit hätte der Verkauf eines Drittels des Landes gereicht, um sämtliche Schulden in Höhe von zwei Billionen Euro zu tilgen. Die Frage, für welches Drittel man sich wohl entschieden hätte, ist unbeantwortet und für immer rein hypothetisch geblieben.

Das teuerste Bundesland mit einem Wert von 1,6 Billionen Euro war demnach Bayern – Thüringen eher ein Schnäppchen: Das Bundesland, stünde es denn zum Verkauf, wäre mit 34 Milliarden Euro für ein Drittel des Bodenwerts der Stadt Düsseldorf zu haben gewesen.

Bis heute ist Bayern das Flächenbundesland mit den höchsten Grundstückspreisen. Im zweiten Quartal 2023 kostete ein Quadratmeter Bayern im Durchschnitt 429 Euro. Der nationale Durchschnittspreis für ganz Deutschland lag mit 262,49 Euro weit darunter. Auch hier ist Thüringen mit 67,79 Euro pro Quadratmeter wieder das ausgesprochen günstige Angebot. Am auffälligsten ist allerdings der Unterschied zwischen Stadt und Land: Der Durchschnittspreis in den kleinen Gemeinden liegt bei ca. 88 Euro pro Quadratmeter, der Vergleichswert in den Großstädten summiert sich auf 1613 Euro pro Quadratmeter.

Die Frage, wer von diesen Werten am meisten profitiert, stellen sich Ökonomen und Historiker seit vielen Jahrzehnten. Die Antworten blieben aber auch in der Bundesrepublik des 20. Jahrhunderts wegen der bis heute bekannten mauen Datenlage spärlich. Dabei zählte schon der Historiker Wilhelm Abel (1904–1985) die Art der Grundbesitzverteilung zu den entscheidenden Voraussetzungen, nach denen sich Wirtschaft und Gesellschaft entfalten. Das Wissen, wem der Boden eines Landes gehört, sollte daher auch wichtiger Bestandteil des politischen Wissens sein. Abel fand es seinerzeit erstaunlich, dass zu dieser wesentlichen Frage, wie das Eigentum an Grund und Boden verteilt ist, «keine aussagefähigen Zahlen vorliegen».

In den Vermögensbilanzen der volkswirtschaftlichen Gesamtrechnung der Bundesrepublik wurde der Grund und Boden Mitte der 1980er-Jahre auf 3,1 Billionen D-Mark geschätzt, beruhend auf Daten aus dem Jahr 1971. Das bedeutete mehr als ein Drittel am gesamten Volksvermögen. In den folgenden Jahrzehnten wurde über verschiedene Rechnungen immer wieder der Wert des Bodens geschätzt, wem dieser aber gehört, war kaum zu ermitteln.

Die Wissenschaftler Dieter Mühle und Michael Ratz vermuteten bereits in den 1970er-Jahren eine Tendenz zur Monopolisierung des Grundbesitzes. Nach ihren Forschungen besaßen damals gut zwei Prozent aller Bodeneigentümer (0,001 Prozent der Bevölkerung) mehr als ein Drittel der Wirtschaftsfläche und ein Viertel der Forstfläche der BRD. Der Boden der Großstädte wurde in der Hand von fünf Prozent der Bevölkerung vermutet. Es gibt wenig Anlass zu der Vermutung, dass diese Konzentration an Grundbesitz heute maßgeblich abgenommen haben könnte.

Bevor wir diese Diskussion fortsetzen, schauen wir zunächst, wie der Boden in Deutschland genutzt wird. Den mit Abstand größten Teil beansprucht die Landwirtschaft. Jeder zweite Quadratmeter Deutschlands fällt unter diese Nutzung. Dass hier eine besondere Konzentration an Bodeneigentum in die Hände weniger Privatpersonen – insbesondere der hochvermögenden Unternehmerfamilien in diesem Land – zu beobachten ist, haben wir im ersten Kapitel bereits ausgeführt.

Den zweiten Platz nehmen in Deutschland Wälder ein. Die wachsen auf knapp einem Drittel der Landesfläche. Auch hier gehört fast jeder zweite Baum Privatpersonen, in diesem Fall fast ausschließlich den alten Adelsgeschlechtern. Von den heutigen Besitzern haben also die wenigsten diesen Grundbesitz erworben, sie wurden damit geboren. Die Familie von Thurn und Taxis besitzt in dieser Runde mit circa 20 000 Hektar am meisten, auf den Plätzen folgen die zu Fürstenbergs, Hatzfeld-Wildenburgs, von Hohenzollern, die Freiherren zu Eisenbach und Wallersteins – allesamt mit Besitzungen im fünfstelligen Hektarbereich.

Neben dem Adel sind auch die Länder (29 %) sowie Städte, Gemeinden, Universitäten und Kirchen (19 %) relevante Eigentümer. Nur vier Prozent des deutschen Waldes gehört dem Bund.

Eine Nutzungsform wie das Wohnen spielt sich in Deutschland auf gerade einmal 3,8 Prozent der Fläche ab – auch das mag die teuren Miet- und Kaufpreise erklären. Der Verkehr beansprucht fünf Prozent aller Flächen, Industrie und Gewerbe nicht einmal zwei Prozent.

Wem also gehört Deutschland? Mit Blick auf den Boden lautet die Antwort: einigen wenigen sehr vermögenden Unternehmerfamilien, ebenso den Adelsgeschlechtern, den Ländern mehr als dem Bund – und der römisch-katholischen Kirche. Mit einem Grundbesitz von mehr als 8000 Quadratkilometern ist sie die Privatperson mit dem größten Grundbesitz in Deutschland. Nach Schätzungen soll dies auch weltweit gelten.

4.

# Erde gut, alles gut –

## *eine Handreichung für einen besseren Umgang mit dieser einzigartigen Ressource*

Es liegt auf der Hand, dass dieses von Milliarden Spezies perfekt gesteuerte Universum möglichst wenig gestört werden sollte. Statt auf dieses Ökosystem einzuwirken, müsste sich der Mensch nach Meinung von Professor Antonietti, Leiter des Max-Planck-Instituts für Kolloid- und Grenzflächenforschung in Potsdam, künftig eher darauf beschränken, die Vorgänge unten besser zu verstehen. «Und dann sollten wir sie für uns nutzen», sagt der mehrfach ausgezeichnete Wissenschaftler.

Antonietti ist selbst ernannter Bodenfan und kommt in diesem Zusammenhang auch gleich auf die Wälder zu sprechen. «Das waren die letzten Lebewesen, die es geschafft haben, ihre Probleme von unten her zu lösen», so Antonietti. Vornehmlich die Laubwälder haben sich vor allem durch die Kooperation mit Pilzen einen Boden geschaffen, der ihre Verbreitung über große Teile des Festlandes ermöglichte.

«Würde es uns Menschen nicht mehr geben», sagt der Wissenschaftler, «dann wäre zumindest Europa binnen eines Jahrhunderts wieder vollständig bewaldet.» Will der Mensch diese Rückeroberung noch etwas hinausschieben, sollte er etwas aufmerksamer nach unten schauen. Antonietti hält dabei nichts von Horrorszenarien und mahnenden Botschaften. Er ärgert sich vielmehr, dass wir noch immer nicht das Potenzial unter unseren Füßen erfassen. «Alle Probleme der Menschheit, der Hunger, der Klimawandel, die Umweltverschmutzung – das alles sind letztlich Bodenprobleme», sagt Antonietti und strahlt voller Enthusiasmus. «Das Gute daran ist, dass diese Probleme damit auch alle im Boden zu lösen sind.»

Antonietti selbst hat zum Beispiel eine Bodenmaschine erfunden. Innerhalb von 24 Stunden wandelt diese organischen Abfall in flüssigen Boden um und produziert dabei auch noch Energie. Eine Art Hightech- und Hochdruck-Komposthaufen, in dem Reste durch Druck und Mikroorganismen zu einer nährstoffreichen Lösung abgebaut werden, die als Vorstufe von Boden angesehen werden kann und als formidabler Ökodünger taugt.

Solche Apparaturen kommen bereits in Südkorea zum Einsatz. Die Idee ist, dass auch in Deutschlands Städten die Menschen ihren Biomüll einfach in eine solche Maschine geben und sich am nächsten Tag eine Flasche Flüssigdünger abholen. Es gibt auch Geräte, die noch einen Prozess weitergehen – das Endprodukt ist dann eine Art Bio-Grillkohle, die auf dem Grill für Hitze sorgt und ebenso als Dünger eingesetzt werden kann. Die bei der Reaktion entstehende Wärme wird ebenfalls genutzt.

Wir sind am Ende angekommen. Fassen wir also noch

einmal zusammen: Wer die Welt gestalten will, braucht Gestaltungsraum. Für die Gesellschaft ist das öffentlicher Bodenbesitz, um wichtige Transformation durchführen zu können: Die Anpassung an den Klimawandel erfordert städtebauliche Veränderungen, Bepflanzungen für Schattenflächen zum Beispiel und Versickerungsflächen für Starkregenereignisse. Für die Energiewende bedarf es Flächen, ebenso für bezahlbaren Wohn- und Arbeitsraum. Kommunen müssen den eigenen Grundbesitz erhöhen, um die dafür nötigen Flächen bereitzustellen und über Erbbaurechtsverträge auch Dritten zur befristeten Nutzung zu übergeben. Das Kapital zum Erwerb dieser Flächen könnte aus einem staatlichen Fonds zum Erwerb von Bodeneigentum stammen. In diesen Fonds würden auch Erträge aus den Verkäufen von Flächen fließen.

Bodenbesitz muss gerechter besteuert werden. Die sogenannten leistungslosen Bodenrenten für wenige Bodenbesitzer steigern die soziale Ungleichheit. Steigende Bodenwerte führen zu privaten Profiten, während der Grund der Wertsteigerung, zum Beispiel eine verbesserte Infrastrukturanbindung, Arbeitsplätze und Kulturangebote von der Gesellschaft finanziert werden. Eine effiziente Besteuerung würde auch Spekulationen mit Land unterbinden und Investitionen in diese Grundstücke beschleunigen.

Über alle Nutzergruppen hinweg benötigen wir ein neues Bodenbewusstsein. Die Erkenntnis, dass wir es mit einem lebenden Organismus zu tun haben. Ein faszinierendes Ökosystem, das mehr Lebewesen als jedes andere Ökosystem beherbergt. Teils skurrile Wesen, die meisten davon sind noch nicht einmal beschrieben – und doch kann man guten Gewissens behaupten, dass unser Leben von ihnen abhängt, weil sie im Boden wichtige biologische Dienstleistungen übernehmen, wie zum Beispiel die Reinigung von Luft und Wasser und den Abbau organischer Reste. Ein besserer Umgang mit Boden bedeutet auch weniger Einsatz von Dünger, Insektiziden und Fungiziden. Wir müssen den Flächenfraß vor allem durch Überbauen und Versiegeln stoppen. Entscheidungen, die auch jeder für sich treffen kann, im Garten, in der Hofeinfahrt oder mit einem Blumenkasten auf dem Balkon. Überall ist Platz für ein kleines Ökosystem namens Boden.

Wenn wir Bodenfruchtbarkeit, Wasserressourcen und Artenvielfalt schützen wollen, müssen diese Bodenleistungen vergütet werden und abrechenbar sein. Wie das gehen kann? Durch eine solidarische Landwirtschaft zum Beispiel: Bauern produzieren für einen festen Kundenstamm, die Kunden helfen auf den Höfen mit. Aus der Landwirtschaft wird ein Solidarsystem.

Im Supermarkt bezahlen wir nur für die Lebensmittel, und das auch noch zu schlecht. Der finanzielle Druck auf die Landwirte ist enorm hoch. Oft können sie sich und ihre Familien nur finanzieren, wenn sie den Betrieb vergrößern, also zum Beispiel mehr Tiere halten, intensiver wirtschaften und sich spezialisieren – auch wenn sie das vielleicht gar nicht wollen. Unsere Volkswirtschaft muss den Landwirten wieder größere finanzielle Spielräume verschaffen. Die Einnahmen der Bauern müssen steigen oder wir müssen es über Fördergelder finanzieren, so wie es ja über die zweite Säule zur Entwicklung des ländlichen Raumes in der EU-Agrarpolitik schon geschieht: Landwirte bekommen Fördergelder nicht für bestimmte Flächen, sondern weil sie umweltpolitische Aufgaben erfüllen.

Um gegen den Verlust von landwirtschaftlichen Nutzflächen vorzugehen, sind umfangreiche Bodenschutzprogramme nötig. Um diese milliardenschweren Investitionen zu schultern, schlug der Ökonom Joachim Ackva ein sogenanntes UN-Weltkonto vor, auf das jeder Erdenbürger ein Tausendstel seines Vermögens einzahlen soll. Diese 2015 vorgestellte Idee hätte damals mehr als 900 Milliarden Dollar an Einnahmen gebracht, zehn Milliarden davon sollten in den Schutz des Bodens investiert werden. Um die Menschen für seine Idee zu begeistern, ließ Ackva, Mitglied der Deutschen Gesellschaft für die Vereinten Nationen, in einer PR-Aktion echte Geldscheine auf Passanten regnen. Zur Umsetzung gelangte seine Idee dennoch nicht.

Aber vielleicht erhöhen Trecker-Sternfahrten zu den Hauptstädten den Druck und machen uns bewusst, dass es nicht nur um Subventionen und Biodiesel geht: Der Boden hat unser aller Einsatz verdient, zu jeder Zeit, an jedem Ort. Er wird es uns lohnen.

Originalausgabe
Veröffentlicht im Rowohlt Verlag, Hamburg, November 2024

Lektorat Gabriele Fischer, Holger Volland
Faktencheck Victoria Strathon
Projektmanagement Hendrik Hellige

Covergestaltung Mike Meiré / Meiré und Meiré
Satz aus der Sabon
bei Pinkuin Satz und Datentechnik, Berlin
Druck und Bindung GGP Media GmbH, Pößneck
ISBN 978-3-98928-023-6

FSC
www.fsc.org
MIX
Papier | Fördert gute Waldnutzung
FSC® C014496